全国中等职业学校电工类专业一体化教材
全国技工院校电工类专业一体化教材（中级技能层级）

电工基础

（第二版）

邵展图　主编

U0213551

中国劳动社会保障出版社

简　介

　　本书主要内容包括电路基础知识、简单直流电路的分析、复杂直流电路的分析、磁场与电磁感应、单相交流电路、三相交流电路。

　　本书由邵展图任主编，沈巧兰、鲁劲柏、何薇、陆斌彬、金闵辰、石朝阳参与编写，汪新巧任主审。

图书在版编目（CIP）数据

　　电工基础／邵展图主编.--2 版.--北京：中
国劳动社会保障出版社，2024.--（全国中等职业学校
电工类专业一体化教材）（全国技工院校电工类专业一
体化教材）.--ISBN 978-7-5167-6246-2

　　Ⅰ．TM1

　　中国国家版本馆 CIP 数据核字第 202488A30D 号

中国劳动社会保障出版社出版发行

（北京市惠新东街 1 号　邮政编码：100029）

*

北京市科星印刷有限责任公司印刷装订　　新华书店经销

787 毫米×1092 毫米　16 开本　13 印张　298 千字

2024 年 8 月第 2 版　　2024 年 8 月第 1 次印刷

定价：**26.00 元**

营销中心电话：400-606-6496

出版社网址：http://www.class.com.cn

http://jg.class.com.cn

前　言

为了更好地适应全国技工院校电工类专业的教学要求，全面提升教学质量，适应技工院校教学改革的发展现状，我们组织有关学校的一线教师和行业、企业专家，在充分调研企业生产和学校教学情况、广泛听取教师使用反馈意见的基础上，吸收和借鉴各地技工院校教学改革的成功经验，对 2010 年出版的中级技能层级一体化模式教材进行了修订（新编）。

本次教材修订（新编）工作的重点主要体现在以下几个方面。

完善教材体系

从电工类专业教学实际需求出发，按照一体化的教学理念构建教材体系。本次除对现有教材进行修订，出版《电工基础（第二版）》《电子技术基础（第二版）》《电工电子基本技能（第二版）》《电机变压器设备安装与维护（第二版）》《电气控制线路安装与检修（第二版）——基本控制线路分册》《电气控制线路安装与检修（第二版）——机床控制线路分册》《PLC 基础与实训（第二版）》七种教材外，还针对产业应用和行业技术发展，开发了《PLC 基础与实训（西门子 S7-1200）》《光电照明系统安装与测试》等教材。

创新教材形式

教材配套开发了学生用书。教材讲授各门课程的主要知识和技能，内容准确、针对性强，并通过课题的设置和栏目的设计，突出教学的互动性，启发学生自主学习。学生用书除包含课后习题外，还针对教学过程设计了相应的课堂活动内容，注重学生综合素质培养、知识面拓展和能力强化，成为贯穿学生整个学习过程的学习指导材料。

本次修订（新编）过程中，还充分吸收借鉴一体化课程教学改革的理念和成果，在部分教材中，按照"资讯、计划、决策、实施、检查、评价"六个步骤进行教学设计，在相应的学生用书中通过引导问题和课堂活动设计进行体现，贯彻以学生为中心、以能力为本位的教学理念，引导学生自主学习。

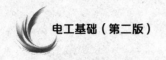

提升教学服务

　　教材中大量使用图片、实物照片和表格等形式将知识点生动地展示出来，达到提高学生的学习兴趣、提升教学效果的目的。为方便教师教学和学生学习，针对重点、难点内容制作了动画、微视频等多媒体资源，使用移动设备扫描即可在线观看、阅读；依据主教材内容制作电子课件，为教师教学提供帮助；针对学生用书中的习题，通过技工教育网（http：//jg.class.com.cn）提供参考答案，为教师指导学生练习提供方便。

编者

2024 年 7 月

目　录

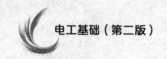

模块一
电路基础知识

课题一 电流和电压

 学习目标

1. 了解电路的基本组成，熟悉电路图中常用符号。
2. 理解电流的概念，了解直流电流和交流电流的特点。
3. 理解电压、电位和电动势的概念。
4. 能用万用表正确测量电流和电压。

一、电路和电路图

按图 1-1a 所示，用开关和导线将干电池（电源）和小灯泡连接起来，只要合上开关，有电流流过，小灯泡就会亮起来。

与此相似，将电风扇接上电源，只要合上开关，有电流流过，电风扇就会转起来，如图 1-1b 所示。

像这样有电流流通的路径称为**电路**。

图 1-1c、d 是用电气符号描述电路连接情况的图，称为电路原理图，简称**电路图**。

图 1-1e 是用功能块表明电路中各部分之间关系的图，称为**框图**。

在上述电路中，**电源**是提供电能的装置；**开关**是控制装置，控制电路的导通（ON）和断开（OFF）；小灯泡和电风扇的电动机是消耗电能的装置，称为**负载**，也称用电器；**导**

1

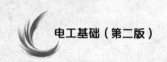

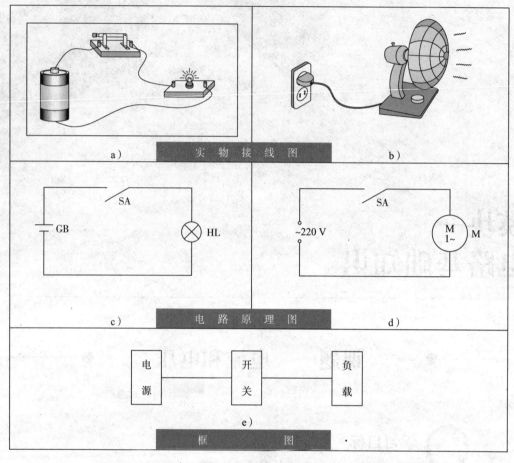

图 1-1 电路和电路图

线在电路中起连接作用。

为了保证电路的安全运行，在有些电路中还安装有熔断器等**保护装置**。

电路的主要功能有两类：一类是进行能量的传输、分配和转换。例如，供电电路可将发电机发出的电能经输电线传输到各个用电设备，再经用电设备转换成热能、光能、机械能等。另一类是实现信息的传递和处理。例如，计算机电路、测量电路、收音机电路等。

知识拓展

电路图常用图形符号和文字符号

电路图中的常用符号包括图形符号和文字符号。图形符号是用于表示电气元件或设备的简单图形，文字符号是用于描述电气元件或设备名称、特性的文字。绘制电路图必须采用国家标准中规定的符号，在使用时可查阅相关标准，如《电气简图用图形符号》（GB/T 4728）等。部分常用图形符号和文字符号见表1-1。

表 1-1 部分常用图形符号和文字符号

名称	外形	图形符号	文字符号	名称	外形	图形符号	文字符号
开关			S 或 SA	电感器			L
干电池		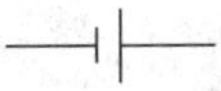	GB	灯		 ⊗	EL 或 HL
电阻		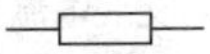	R	熔断器		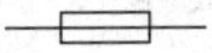	FU
滑动变阻器	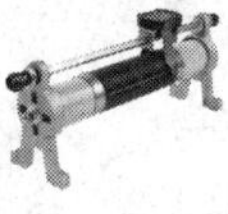	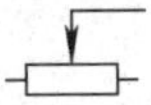	RP	三相异步电动机		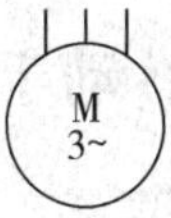 Ⓜ 3~	M
二极管		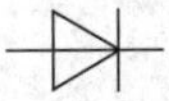	VD	电流表		 Ⓐ	PA
电容器		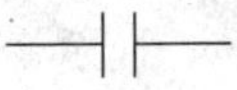	C	电压表		 Ⓥ	PV

二、电流

电荷有规则的定向运动称为**电流**。电流是一种客观存在的物理现象。

1. 电流的方向

习惯上规定正电荷移动的方向为电流的方向，因此电流的方向实际上与电子移动的方向相反。

若电流的方向不随时间的变化而变化，则称其为**直流电流**，简称**直流**，用符号 DC 表示。其中，电流大小和方向都不随时间变化而变化的电流，称为**稳恒直流电流**，如图 1-2a 所示；电流大小随时间的变化而呈周期性变化，但方向不变的电流，称为**脉动直流电流**，如图 1-2b 所示。本书中所说的直流电流，如无特殊说明，均指稳恒直流电流。若电流的大小和方向都随时间而变化，如图 1-2c 所示，则称其为**交变电流**，简称**交流**，用符号 AC 表示。图 1-1 所示电路中，小灯泡由直流电源（干电池）供电，是**直流电路**；电风扇由交流电源供电，是**交流电路**。

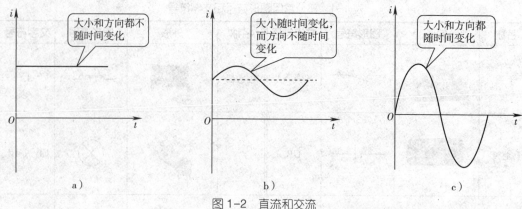

大小和方向都不随时间变化

大小随时间变化，而方向不随时间变化

大小和方向都随时间变化

a) b) c)

图 1-2　直流和交流

a) 稳恒直流电流　b) 脉动直流电流　c) 交变电流

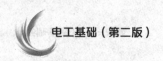**动手做**

　　用测电笔可以检查低压导体和电气设备是否带电。在交流电路中，当用测电笔触及导线时，使氖管发亮的是相线，正常情况下零线不会使氖管发亮。测电笔的样式和结构如图 1-3 所示。

　　试用测电笔检查实验台上的交流电源输出端是否带电。

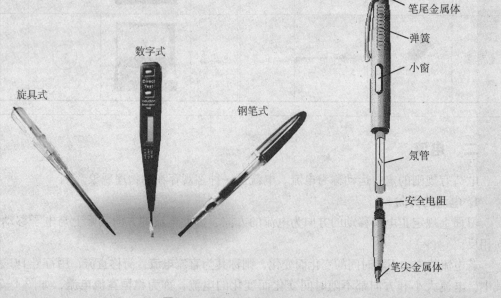

数字式

旋具式

钢笔式

笔尾金属体
弹簧
小窗
氖管
安全电阻
笔尖金属体

图 1-3　测电笔的样式和结构

使用测电笔时要注意以下几点：

1. 被测电压不得高于测电笔的标称电压值。

2. 使用测电笔前，首先要检查测电笔内有无安全电阻，然后试测已知带电物体，看氖管能否正常发光，确认无误后方可使用。

3. 在光线明亮的场所使用测电笔时，应注意遮光，防止因光线太强看不清氖管是否发光而造成误判。

4. 使用测电笔时，手应与笔尾的金属体保持接触。测电笔的正确使用方法如图1-4所示，图1-5所示为测电笔的错误使用方法。

图1-4　测电笔的正确使用方法

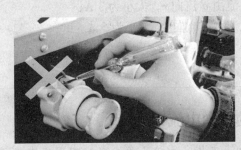

图1-5　测电笔的错误使用方法（手未接触笔尾金属体）

 提示

1. 判断导线或用电设备是否带电，必须用测电笔等工具，绝不允许直接用手触摸。

2. 当测电笔的金属笔尖已接触带电导体时，严禁用手或身体的其他部位再去接触笔尖的金属部分。

在分析和计算较为复杂的直流电路时，经常会遇到某一电流的实际方向难以确定的问题，这时可先任意假定电流的**参考方向**，然后根据电流的参考方向求解。如果计算结果 $I>0$，表明电流的实际方向与参考方向相同，如图1-6a所示；如果计算结果 $I<0$，表明电流的实际方向与参考方向相反，如图1-6b所示。

【例1-1】图1-7所示电路中，电流参考方向已选定，已知 $I_1 = 1$ A，$I_2 = -3$ A，$I_3 = -5$ A，指出电流的实际方向。

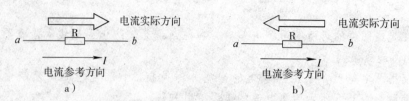

图 1-6　电流的参考方向和实际方向

a）$I>0$　b）$I<0$

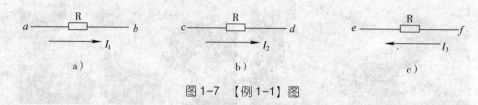

图 1-7　【例 1-1】图

解： I_1 的实际方向与参考方向相同，即电流由 a 流向 b，大小为 1 A；

I_2 的实际方向与参考方向相反，即电流由 d 流向 c，大小为 3 A；

I_3 的实际方向与参考方向相反，即电流由 e 流向 f，大小为 5 A。

知识拓展

二极管中的单向电流

在以电阻为负载的电路中，给电阻两端加上电压，无论正负，电阻中都有电流流过，但发光二极管（图 1-8）等电子元件，只有在外加正向电压（表 1-2 中 P 端接电源正极）时，才有电流流过，这种特性称为二极管的单向导电性。

图 1-8　发光二极管

可通过实验进行比较，见表 1-2。

表 1-2　二极管导电实验

实验电路	外加电压情况	灯或发光二极管的发光情况
GB1 5V SA 5V GB2 R HL	无论正负	亮

续表

实验电路	外加电压情况	灯或发光二极管的发光情况
GB 5V　R　VD P N	外加正向电压 （二极管 P 端接电源正极）	亮
GB 5V　R　VD P N	外加反向电压 （二极管 P 端接电源负极）	不亮

2. 电流的大小

在单位时间内，通过导体横截面的电荷量越多，表示流过该导体的电流越大。若在时间 t 内通过导体横截面的电荷量是 Q，则电流 I 可用下式表示：

$$I = \frac{Q}{t}$$

式中，I、Q、t 的单位分别为安培（A）、库仑（C）、秒（s）。常用的电流单位除安培（简称安）外，还有千安（kA）、毫安（mA）和微安（μA）。它们之间的换算关系为

$$1 \text{ kA} = 1\,000 \text{ A}$$

$$1 \text{ A} = 1\,000 \text{ mA}$$

$$1 \text{ mA} = 1\,000 \text{ μA}$$

3. 电流的测量

电流的大小可以用电流表或万用表等仪表进行测量。

测量电流时应注意：

- 对交、直流电流应分别使用交流电流表和直流电流表测量。
- 电流表或万用表必须串接到被测量的电路中。

（1）用直流电流表测量直流电流

直流电流表如图 1-9 所示，表壳接线柱上标有表明极性的记号。测量时，直流电流应从"0.6 A""3 A"等代表正极的一端流进，"－"端流出，不能接错，否则指针会反偏，既影响正常测量，也容易损坏电流表。

图 1-9　直流电流表

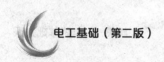

每个电流表都有一定的测量范围，称为电流表的**量程**。一般被测电流的数值在电流表量程的一半以上，读数较为准确。因此，在测量之前应先估计被测电流大小，以便选择适当量程的电流表。若无法估计，可先用电流表的最大量程挡测量，当指针偏转不到1/3刻度时，再改用较小量程挡去测量，直到测得准确数值为止。

为了在接入电流表后，对电路原有工作状况影响较小，电流表的内阻应尽量小。

动手做

按图1-10所示连接电路，测得结果为_____A。

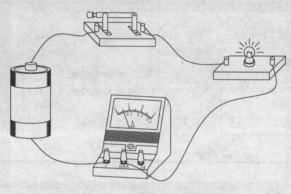

图1-10　直流电流的测量

　　　提示

不允许将电流表与负载并联，也不允许将电流表不经任何负载而直接连接到电源的两端，因为电流表内阻很小，这样会造成电源短路而损坏电流表，如图1-11所示。

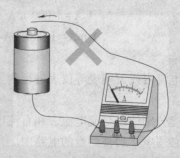

图1-11　不可将电流表直接连接到电源的两端

（2）用万用表测量直流电流

万用表是一种多用途、多量程的电工测量仪表。常用的万用表有模拟式和数字式两大类，如图 1-12 所示。数字式万用表读数直观，而模拟式万用表能方便快速地观察近似值或被测数值的变化情况。

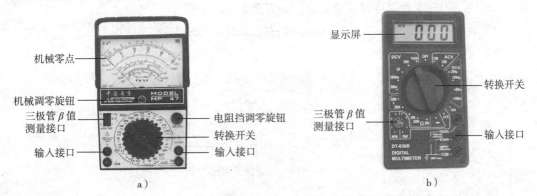

图 1-12 万用表

a）模拟式 b）数字式

使用万用表应注意以下几点：

1）使用前必须仔细阅读使用说明书，了解转换开关的功能。

2）对于模拟式万用表，必须先调准指针的机械零点，如图 1-13 所示。

图 1-13 模拟式万用表机械调零

3）使用万用表测量时，必须正确选择参数和量程，同时应注意两支测量表笔的正、负极性。对于模拟式万用表，选择电流量程时，最好使指针处在刻度尺 1/3 ~ 2/3 的位置。

4）在进行大电流测量时，必须注意人身和仪表的安全，严禁带电切换转换开关。

5）测量结束后，应将转换开关置于空挡或交流电压最高挡，以防下次测量时由于疏忽而损坏万用表。

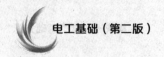动手做

按照下面所述测量方法，用万用表测量直流电流。

1. 按图1-14所示连接实验电路，断开开关S1和S2。

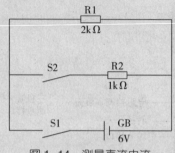

图1-14　测量直流电流

2. 将万用表转换开关置于直流电流挡，选择适当量程。

3. 闭合开关S2，将万用表的两支表笔接在断开的开关S1的两个接线柱上（注意表笔的正确连接），测量电流为_____mA。

4. 闭合开关S1，断开开关S2，将万用表的两支表笔接在断开的开关S2的两个接线柱上，测量流过电阻R2的电流为_____mA。

5. 断开开关S1。

三、电压、电位和电动势

1. 电压

在金属导体中虽然有许多自由电子，但只有在外加电场的作用下，这些自由电子才能做有规则的定向移动而形成电流。电场力将单位正电荷从a点移到b点所做的功，称为a、b两点间的电压，用U_{ab}表示。电压的单位为伏特，简称伏，符号是V。除此之外还有千伏（kV）、毫伏（mV）和微伏（μV）。它们之间的换算关系为

$$1\ kV = 1\ 000\ V$$

$$1\ V = 1\ 000\ mV$$

$$1\ mV = 1\ 000\ μV$$

电压与电流的关系和水压与水流的关系有相似之处。

在图1-15所示装置中，由于用水泵不断将水槽乙中的水抽送到水槽甲中，使A处比B处水位高，即A、B之间形成了水压，水槽中的水便由A处向B处流动，从而推动水车旋转。

在图1-16所示电路中，由于电源的正、负极间存在着电压，电路中便有正电荷由正极流向负极（实际上是负电荷由负极流向正极），从而使灯泡发光。

电压的实际方向即正电荷在电场中的受力方向。在计算较复杂电路时，电压的实际方向常常难以判断，因此也要先设定电压的参考方向。原则上电压的参考方向可任意选取，但如果已知电流参考方向，则电压参考方向最好选择与电流参考方向一致，称为**关联参考**

方向。当电压的实际方向与参考方向一致时，电压为正值；反之，为负值。

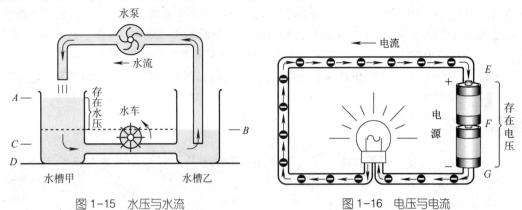

图 1-15 水压与水流　　　　　　图 1-16 电压与电流

电压的参考方向有三种表示方法，如图 1-17 所示。

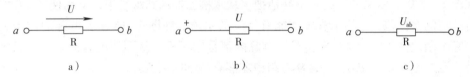

图 1-17 电压参考方向的表示方法

a）箭头表示 b）极性符号表示（参考方向由正指向负） c）双下标表示（参考方向由 a 指向 b）

【例 1-2】已知图 1-17a 中，$U_{ab} = 5$ V；图 1-17b 中，$U_{ab} = -2$ V；图 1-17c 中，$U_{ab} = -4$ V。试指出电压的实际方向。

解：图 1-17a 中，$U_{ab} = 5$ V>0，说明电压的实际方向与参考方向相同，即由 a 指向 b。

图 1-17b 中，$U_{ab} = -2$ V<0，说明电压的实际方向与参考方向相反，即由 b 指向 a。

图 1-17c 中，$U_{ab} = -4$ V<0，说明电压的实际方向与参考方向相反，即由 b 指向 a。

 **提示**

　　　　电压的大小与用电安全息息相关，正常情况下交流 33 V 以下及直流 70 V 以下为安全电压，在潮湿的环境中应使用交流 16 V 以下及直流 35 V 以下的安全电压。

2. 电位

如果在电路中选定一个**参考点**（即零电位点），则电路中某一点与参考点之间的电压即该点的**电位**。电位的单位也是伏特（V）。电位通常用 V 或 φ 表示，为简便起见，本书仍用 U 表示电位，如 a、b 点的电位可分别记为 U_a、U_b。

原则上参考点可以任意选择，但为了便于分析计算，在电力电路中常以大地作为参考点，电路符号为"⏚"；在电子电路中常以多条支路汇集的公共点或金属底板、机壳等作为参考点，电路符号为"⟂"或"⊓⊓"。高于参考点的电位取正，低于参考点的电位取负。例如，

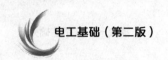

在图1-16中，若以 G 点为参考点，则 G 点的电位为0 V，F 点的电位为1.5 V；若以 E 点为参考点，则 F 点的电位为-1.5 V，G 点的电位为-3 V。但不管参考点如何选择，每节电池正、负极之间的电位差都是1.5 V，这是不会改变的。这就像图1-15中，不管是选 C 点为参考点，还是选 D 点为参考点，A、B 之间的水位差是不会随参考点的改变而改变的。

电路中任意两点之间的电位差等于这两点之间的电压，即 $U_{ab}=U_a-U_b$，故**电压又称电位差**。

 提示

> 电路中某点的电位与参考点的选择有关，但两点间的电位差与参考点的选择无关。

3. 电动势

在图1-15中，水泵的作用是不断地把水从水槽乙抽送到水槽甲，从而使 A、B 之间始终保持一定的水位差，这样水管中才能有持续的水流。在图1-16中，电源的作用和水泵相似，它不断地将正电荷从电源负极经电源内部移向正极，从而使电源的正、负极之间始终保持一定的电位差（电压），这样电路中才能有持续的电流。

电源将正电荷从电源负极经电源内部移到正极的能力用**电动势**表示，电动势符号为 E，单位为V。

电源电动势在数值上等于电源没有接入电路时两极间的电压。电动势的方向规定为在电源内部由负极指向正极，如图1-18所示。

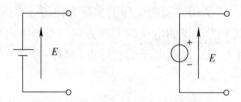

图1-18 直流电动势的两种符号

对于一个电源来说，既有电动势，又有端电压。电动势只存在于电源内部；而端电压则是电源加在外电路两端的电压，其方向由正极指向负极。在有载情况下，电源的端电压在数值上总是低于电源内部的电动势，只有当电源开路时，电源的端电压在数值上才等于电源的电动势。

知识拓展

常 用 电 池

图1-19所示为常用电池。

1. 一次电池

电池放电后不能用简单的充电方法使活性物质复原而继续使用的电池，称为一次电池，又称原电池或干电池，如通用型干电池、扣式电池等。

2. 二次电池

可反复充放电循环使用的电池称为二次电池，又称充电电池、蓄电池，如镍镉电池、锂离子电池、铅蓄电池等。

锂离子电池具有容量大、自放电小、温度特性好等优点，不仅被广泛用于手机、便携式计算机等数码产品，而且已越来越多地应用于工业和电动汽车中。

铅蓄电池是最具代表性的蓄电池，电动势约为 12 V。

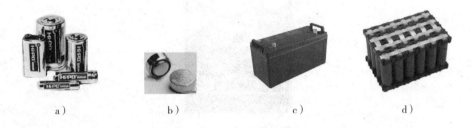

图 1-19　常用电池

a) 通用型干电池　b) 扣式电池　c) 铅蓄电池　d) 电动汽车中的锂离子电池

废旧电池对环境有污染，不能随便丢弃，应收集起来进行专门处理。国际上通行的废旧电池处理方式大致有三种：固化深埋、存放于废矿井、回收利用。

3. 太阳能电池

太阳能电池是能把太阳能变成电能的电池，如图 1-20 所示，这是一种值得大力推广的环保型电源。例如，硅光电池就是一种典型的电阳能电池，它的主要部分是用硅材料制成的。目前，太阳能电池已广泛应用于计算器、电动玩具等电子产品，在 LED（发光二极管）路灯、人造卫星、宇宙飞船上也有大范围应用。

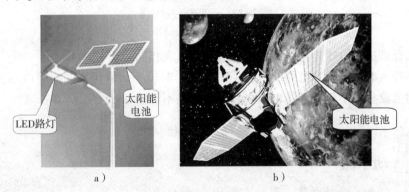

图 1-20　太阳能电池

a) 使用太阳能电池的 LED 路灯　b) 使用太阳能电池的宇宙飞船

4. 电压的测量

电压的大小可以使用电压表或万用表等仪表进行测量。

测量电压时应注意：

● 对交、直流电压应分别采用交流电压表和直流电压表测量。

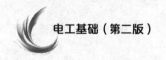

● 电压表必须并联在被测电路的两端。

（1）用直流电压表测量直流电压

直流电压表如图 1-21 所示，表壳接线柱上标有表明极性的记号。测量时，直流电压表上的记号应和被测两点的电位相一致，即"3 V""15 V"等代表正极的一端接高电位，"-"端接低电位，如图 1-22 所示，不能接错，否则会因指针反转而损坏直流电压表。

图 1-21　直流电压表

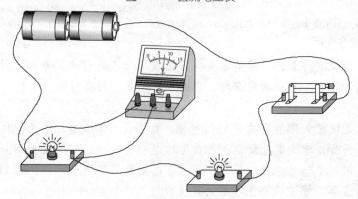

图 1-22　直流电压的测量

应注意合理选择电压表的量程，其方法和电流表相同。

为了在接入电压表后对电路的原有工作状况影响较小，电压表的内阻应尽量大，使通过电压表的电流相对于正常工作电流小到可以忽略不计。

动手做

按图 1-22 所示连接电路，测得结果为_____ V。

（2）用万用表测量直流电压

万用表使用前的准备工作及使用中的注意事项与测量电流时基本相同。要特别注意：万用表必须与被测电路并联；选择电压量程时，最好使指针处在刻度尺 1/3~2/3 的位置。

动手做

1. 用万用表测量交流电压（图1-23）

（1）将万用表转换开关置于500 V交流电压挡。

（2）分别测量交流电压 U_{LN}、U_{LO}、U_{NO}。

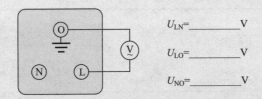

$U_{LN}=$ _____ V

$U_{LO}=$ _____ V

$U_{NO}=$ _____ V

图1-23　用万用表测量交流电压

2. 用万用表测量直流稳压电源电压

图1-24所示为直流稳压电源。将直流稳压电源分别调至2 V、6 V、24 V，选择万用表适当量程进行测量，注意红表笔接电源正极，黑表笔接电源负极。

3. 用万用表测量直流电路中的直流电压

（1）按图1-25所示连接实验电路（三只灯的额定电压皆为6 V），断开开关 S1 和 S2。

（2）将万用表转换开关置于直流电压挡，选择适当的量程。测量电源两端的电压 U_1 为_____ V。

图1-24　直流稳压电源

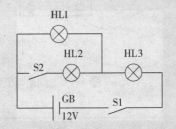

图1-25　测量直流电压

（3）闭合开关 S1，测量电源两端的电压 U_1 为_____ V；灯 HL2 两端的电压 U_2 为_____ V。

（4）闭合开关 S1 和 S2，测量灯 HL2 两端的电压 U_2 为_____ V；灯 HL3 两端的电压 U_3 为_____ V。

（5）断开开关 S1 和 S2。

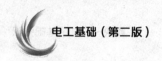

1. 电压和电位的主要区别是什么？

2. 如果电路中某两点的电位都很高，能否说明这两点之间的电压也很高，为什么？

应用

测量电位判断电路工作状态

在实际应用中，经常使用万用表测量电路中各点电位来判断电路工作状态。如图 1-26 所示，将黑表笔接参考点（公共地），红表笔分别接被测各点，测出的电压值就是各点的电位值。将测量值与标准值相比较，即可判断三极管或集成电路（IC）的工作状态。

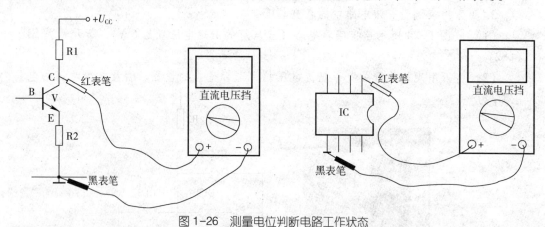

图 1-26 测量电位判断电路工作状态

思考与练习

1. 某电路如图 1-27 所示。该电路由_____、_____、_____、_____和_____组成。FU 的作用是_____。

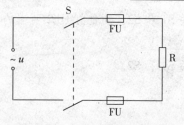

图 1-27 简单交流电路

2. 观察图 1-28 所示手电筒电路，回答问题。

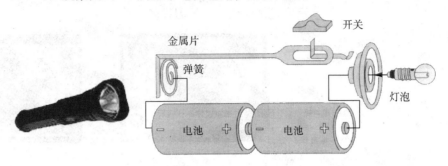

图 1-28　手电筒电路

（1）合上手电筒的开关，观察发光情况。

（2）打开手电筒的后盖（或前端）进行观察。电池是怎样安放的？后盖与电池是怎样连接的？观察开关的结构，了解它的作用。

（3）旋开手电筒的前部进行观察，灯泡是怎样安装的？

（4）画出手电筒的电路图。

（5）好久未用的手电筒合上开关后不亮，想一想，可能是什么原因？

3. 电路如图 1-29 所示：

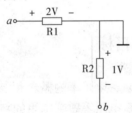

图 1-29　题 3 图

（1）求 a、b 两点的电位及 a、b 两点间的电压。

（2）改选 b 点为参考点，再求 a、b 两点间的电压。

4. 电路如图 1-30 所示，当选 d 点为参考点时，a、b、c 三点的电位分别为 3 V、2 V、5 V，试求电压 U_{ab}、U_{bc}、U_{ac}。

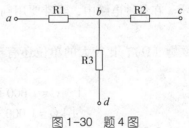

图 1-30　题 4 图

5. 某放大电路中，当三极管处于正常放大状态时，极间电压参考值为 $U_{BE} \approx 0.7$ V，$U_{CE} \approx 3$ V，已知 $U_E \approx 2.3$ V，试求 U_B 和 U_C 的值。

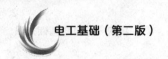
6. 两位同学用过万用表后，分别把转换开关置于图 1-31a、b 所示位置，你认为谁的习惯较好？

a）   b）

图 1-31　万用表使用后转换开关的位置

a）交流 1 000 V 挡　b）电阻挡

课题二　电　阻

学习目标

1. 掌握电阻、电阻率的概念和电阻的计算式。
2. 了解热敏电阻等敏感电阻的特点。
3. 能用万用表测量电阻，用绝缘电阻表测量绝缘电阻。

一、电阻与电阻率

导体在使电流通过的同时也对电流起着阻碍作用，这种对电流的阻碍作用称为**电阻**。导体的电阻用 R 表示。在各种电路中，经常要用到具备一定电阻值的元件——**电阻器**，电阻器也简称电阻。

电阻的单位为欧姆（Ω），比较大的单位还有千欧（kΩ）、兆欧（MΩ）。它们之间的换算关系为

$$1 \text{ M}\Omega = 1\ 000 \text{ k}\Omega$$

$$1 \text{ k}\Omega = 1\ 000 \text{ } \Omega$$

导体的电阻是导体本身的一种性质。它的大小取决于导体的材料、长度和横截面积，可按下式计算：

$$R = \rho \frac{l}{S}$$

式中，ρ 为导体的电阻率，单位为欧·米（$\Omega \cdot m$）；l 为导体的长度，单位为 m；S 为导体的横截面积，单位为 m^2。

电阻率的大小反映了各种材料导电能力的强弱。电阻率小、电流容易通过的物体称为**导体**；电阻率大、几乎不能通过电流的物体称为**绝缘体**；导电能力介于导体和绝缘体之间的物体称为**半导体**。半导体是电子技术的基础材料，其应用十分广泛，与人们的生产、生活和科技进步紧密相关。例如，生活中常见的电视机、计算机、手机、LED 灯等都离不开半导体。在一定条件下，某些材料的电阻会变为零，称为**超导体**。

从图 1-32 中可以看出，纯金属的电阻率小，导电能力强，所以连接电路的导线一般用电阻率小的铝或铜来制作，必要时还在导线上镀金或银。合金的电阻率较大，常用于制作电阻器、电炉电阻丝等。而为了保证安全，电线的外皮、常用电工工具的手柄外壳等都要用橡胶、塑料等绝缘材料制成。导体、绝缘体、半导体的典型应用示例如图 1-33 所示。

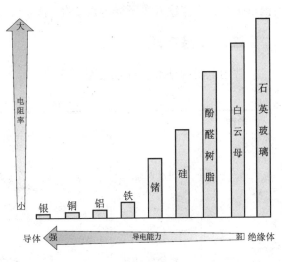

图 1-32 典型材料电阻率的对比

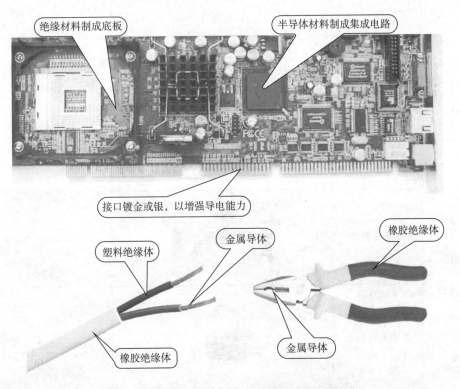

图 1-33 导体、绝缘体、半导体的典型应用示例

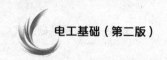

各种材料的电阻率都随温度的变化而变化。一般来说，金属的电阻率随温度升高而增大；电解液、半导体和绝缘体的电阻率则随温度升高而减小；而有些合金，如锰铜合金和镍铜合金的电阻率几乎不受温度变化的影响，常用来制作标准电阻器。

二、常用电阻

常用电阻的外形和符号见表1-3。

表1-3　常用电阻的外形和符号

类型	名称	外形	符号
固定电阻	碳膜电阻		
	线绕电阻		
	金属膜电阻		R
	金属氧化膜电阻		
	贴片电阻		
可变电阻	滑动变阻器		RP
	带开关电位器		RP

类型	名称	外形	符号
可变电阻	微调电位器		$\xrightarrow{\qquad}$ RP

知识拓展

电阻的主要参数

1. 标称阻值

标称阻值即电阻的标准电阻值。表 1-4 中的标称系列值可以乘以 10^n（n 为整数）。例如，对应于 3.3 这一标称值，就有 0.33 Ω、3.3 Ω、33 Ω、330 Ω、3.3 kΩ、33 kΩ 等标称阻值。

2. 允许偏差

允许偏差是指电阻真实值与标称值之间的误差值。

表 1-4 列出了常用电阻的标称系列值和允许偏差。

表 1-4　常用电阻的标称系列值和允许偏差

系列	允许偏差	标称系列值
E24	±5%	1.0　1.1　1.2　1.3　1.5　1.6　1.8　2.0　2.2　2.4　2.7　3.0　3.3　3.6　3.9　4.3　4.7　5.1　5.6　6.2　6.8　7.5　8.2　9.1
E12	±10%	1.0　1.2　1.5　1.8　2.2　2.7　3.3　3.9　4.7　5.6　6.8　8.2
E6	±20%	1.0　1.5　2.2　3.3　4.7　6.8

3. 额定功率

额定功率也称标称功率，是指在一定的条件下，电阻长期连续工作所允许消耗的最大功率。常用小型电阻的额定功率一般分为 1/20 W、1/8 W、1/4 W、1 W、2 W 等，选用电阻时一定要考虑其额定功率，以保证电阻的安全工作。

电阻的标称阻值和允许偏差一般都直接标注在电阻的表面，体积小的电阻则用文字符号和色环表示。固定电阻色环的识读方法如图 1-34 所示。

四色环电阻有四道色环，其中三道相距较近，作为标称阻值标注，第一道、第二道分别表示第一位、第二位有效数字，第三道表示乘数。第四道距前三道有一定距离，作为允许偏差标注。例如，电阻值为 27 kΩ、允许偏差为 ±5% 的电阻，表示方法如图 1-35a 所示。五色环电阻有五道色环，其中四道相距较近，作为标称阻值标注，第一道、第二道、第三道各代表一位有效数字，第四道表示乘数，第五道作为允许偏差标注。例如，电阻值为

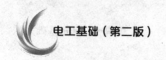

17.4 Ω、允许偏差为±1%的电阻，表示方法如图1-35b所示。

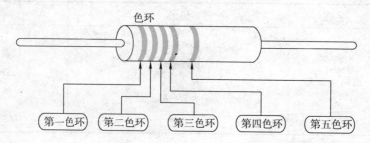

颜色	第一位 有效数字	第二位 有效数字	第三位 有效数字	乘数	允许偏差
黑	0	0	0	$\times 10^0$	—
棕	1	1	1	$\times 10^1$	±1%
红	2	2	2	$\times 10^2$	±2%
橙	3	3	3	$\times 10^3$	±0.05%
黄	4	4	4	$\times 10^4$	—
绿	5	5	5	$\times 10^5$	±0.5%
蓝	6	6	6	$\times 10^6$	±0.25%
紫	7	7	7	$\times 10^7$	±0.1%
灰	8	8	8	$\times 10^8$	—
白	9	9	9	$\times 10^9$	—
金	—	—	—	$\times 10^{-1}$	±5%
银	—	—	—	$\times 10^{-2}$	±10%

图1-34　固定电阻色环的识读方法

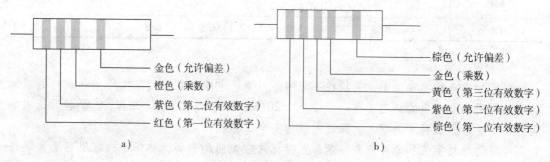

图1-35　色环表示法示例
a）四色环电阻　b）五色环电阻

三、敏感电阻

敏感电阻是指对温度、电压、湿度、光照、气体、磁场、压力等作用敏感的电阻，如光敏电阻、热敏电阻、压敏电阻等。部分敏感电阻的外形和符号见表1-5。

表1-5 部分敏感电阻的外形和符号

名称	光敏电阻	热敏电阻	压敏电阻
外形			
文字符号	RL	RT	RV
图形符号			

敏感电阻在电子测量和自动控制电路中有广泛应用。以热敏电阻为例，电阻值随温度升高而减小的热敏电阻称为**负温度系数（NTC）**的热敏电阻，电阻值随温度升高而增大的热敏电阻称为**正温度系数（PTC）**的热敏电阻。图1-36所示水温测量电路中使用的是一种负温度系数的热敏电阻，若水的温度升高，则热敏电阻的电阻值减小，通过水温表的电流增大，显示的水温值也相应升高。

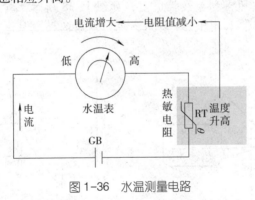

图1-36 水温测量电路

四、电阻的测量

1. 用伏安法测量电阻

如图1-37所示，把被测电阻 R_x 接到电源上，在通电的情况下，用电流表和电压表测出流经被测电阻 R_x 的电流 I 和被测电阻 R_x 两端的电压 U，根据部分电路欧姆定律 $I = \dfrac{U}{R_x}$，可得 $R_x = \dfrac{U}{I}$，代入电压和电流值即可计算出电阻值。

用伏安法测量电阻，虽然需要计算，而且测量误差也较大，但它能在通电的工作状态下测量电阻，这在有些场合是很有实际意义的，如测量灯泡点亮后的热态电阻，测量二极

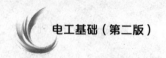

管、三极管导通后的电阻等。

按图1-37所示连接电路，电源电动势为6 V，读出电压表、电流表的测量值，计算 R_x 的电阻值。

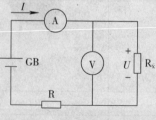

图1-37　用伏安法测量电阻

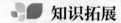 **知识拓展**

线性电阻和非线性电阻

如果以电压为横坐标，电流为纵坐标，可画出电阻的 U/I 关系曲线，即伏安特性曲线。伏安特性曲线是直线的电阻，称为线性电阻，如图1-38所示，其电阻值是一个常数。如果伏安特性曲线不是直线，如图1-39所示，说明电阻的电流与电压不成正比，这样的电阻称为非线性电阻。

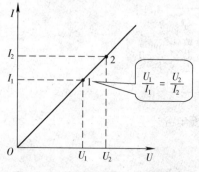

图1-38　线性电阻的伏安特性曲线

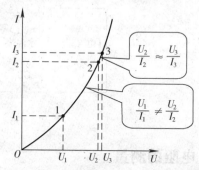

图1-39　非线性电阻的伏安特性曲线

本书所讨论的电路一般不涉及非线性电阻，但在电子电路中将会遇到多种非线性元件（如晶体管以及一些敏感电阻）。如果该非线性元件的电压和电流只在一个很小范围内变化，也可将其近似等效为线性元件进行分析和计算。

2. 用万用表测量电阻

用万用表测量电阻时应注意以下几点：

（1）测量电路中的电阻前，应切断电源，严禁带电测量电阻，如图1-40所示。

（2）估计被测电阻的大小，选择万用表适合的倍率挡，然后进行欧姆调零，即将两支表笔相碰，旋动欧姆调零旋钮，使指针指在电阻刻度尺的零位，如图 1-41 所示。一般情况下，测量电阻时指针位于刻度尺的 1/3~2/3 位置为宜。

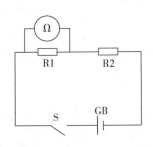

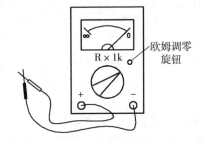

图 1-40 测量电阻前断开电源　　　　　图 1-41 万用表欧姆调零

（3）测量时双手不可触碰电阻引脚及表笔金属部分，以免接入人体电阻，引起测量误差，如图 1-42 所示。

（4）测量电路中某一电阻时，应将电阻的一端断开，如图 1-43 所示。

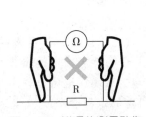

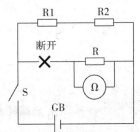

图 1-42 错误的测量动作　　　　　图 1-43 测量时断开电阻一端

动手做

1. 取标称阻值较大及标称阻值较小的色环电阻各数只，先由色环读出标称阻值，再用万用表测量电阻值，并与标称阻值进行比较。

2. 测量常温下热敏电阻的电阻值，再用通电后的电烙铁靠近热敏电阻，观察该热敏电阻的电阻值如何变化，判断其是正温度系数热敏电阻还是负温度系数热敏电阻。将测量结果填入表 1-6 中。

表 1-6 测量热敏电阻

热敏电阻型号	常温下电阻值	温度升高后电阻值	类型判断

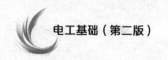
3. 测量二极管的正、反向电阻，判断二极管好坏。

根据二极管正向电阻小、反向电阻大的特性，可用万用表的电阻挡大致判断二极管的极性和好坏，如图1-44所示。

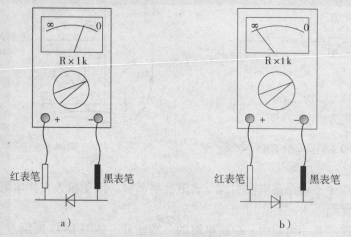

图1-44　用万用表检测二极管

a）测量二极管正向电阻　b）测量二极管反向电阻

将万用表置于R×100或R×1 k电阻挡，并将两表笔短接进行欧姆调零。注意：万用表置电阻挡时，红表笔与表内电池负极相连，黑表笔与表内电池正极相连。如图1-44所示，将红、黑两支表笔跨接在二极管的两端，若测得电阻值较小（几千欧以下），再将红、黑表笔对调后接在二极管两端，测得的电阻值较大（几百千欧），说明二极管质量良好，测得电阻值较小的那一次黑表笔所接端为二极管的正极。如果测得二极管的正、反向电阻都很小（接近零），说明二极管内部已短路；如果测得二极管的正、反向电阻都很大，说明二极管内部已开路。

3. 用绝缘电阻表测量绝缘电阻

电气设备或线路的绝缘材料具有极高的电阻，常以兆欧（MΩ）为单位。当绝缘材料受潮、老化或损坏时，绝缘电阻会减小，漏电流会增大，因此，必须经常检测电气设备或线路的绝缘电阻，确保其符合标准。

绝缘电阻表（又称兆欧表）是一种专门用来测量绝缘电阻的仪表。图1-45所示为发电机式兆欧表，表内有一台微型手摇发电机，测量时通过发电机产生较高的电压。手摇发电机的额定电压主要有500 V、1 000 V和2 500 V等几种，可根据被测电气设备或线路的额定电压进行选择。例如，测量额定电压为380 V的设备的绝缘电阻可选用额定电压为500 V的兆欧表。

兆欧表的基本用法：将线路端（L）和接地端（E）分别接被测设备的相应部分，由慢到快摇动手柄，当转速达到120 r/min时，保持转速均匀、稳定，当指针稳定时读取数值，记录数据。

在测量电气设备带电部分与金属外壳（地）之间的绝缘电阻时，金属外壳（地）要接到 E 端，否则测量结果会不准确。

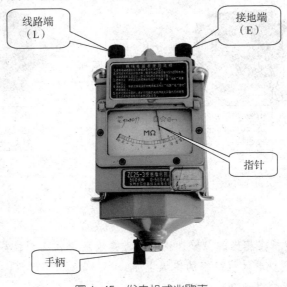

图 1-45　发电机式兆欧表

图 1-46 所示为数字式兆欧表。其输出功率大，带载能力强，抗干扰能力强，量程可自动转换，一目了然的操作面板和液晶显示屏（LCD）使测量十分方便和迅捷。数字式兆欧表使用时不需人力做功，优先使用交流电供电，不接交流电时，使用电池供电。

图 1-46　数字式兆欧表

用数字式兆欧表测量绝缘电阻时，线路端（L）与被测物体同大地绝缘的导电部分相接，接地端（E）与被测物体金属外壳或接地部分相接，屏蔽端（G）与被测物体保护遮蔽部分或其他不参与测量的部分相接。

在测量过程中，兆欧表 "E""L" 端子之间有较高电压，操作时要特别注意人体各部分不可触及。

动手做

1. 检查兆欧表

（1）开路试验（L端、E端分开）

摇动兆欧表到 120 r/min，看指针是否指到 "∞"，如图 1-47a 所示。

（2）短路试验（L端、E端短接）

短时摇动兆欧表到 120 r/min，看指针是否指到 "0"，如图 1-47b 所示。

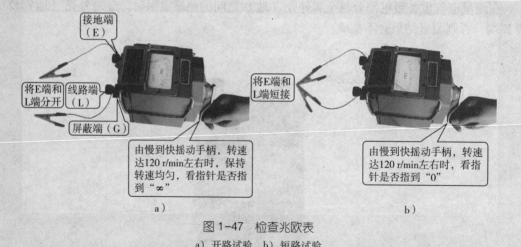

接地端（E）

将E端和 L端分开   线路端（L）

屏蔽端（G）

由慢到快摇动手柄，转速达120 r/min左右时，保持转速均匀，看指针是否指到"∞"

a）

将E端和L端短接

由慢到快摇动手柄，转速达120 r/min左右时，看指针是否指到"0"

b）

图 1-47　检查兆欧表

a）开路试验　b）短路试验

如果指针不能指在相应的位置，说明兆欧表有故障，必须检修后才能使用。

2. 用兆欧表测量电动机绕组的绝缘电阻

（1）测量绕组的对地绝缘电阻

如图 1-48a 所示，将兆欧表 E 端接电动机金属外壳，L 端接被测绕组的一端，由慢到快摇动手柄，转速达 120 r/min 左右时，保持转速均匀，指针稳定后读取数值，记入表 1-7 中。

（2）测量绕组间绝缘电阻

如图 1-48b 所示，将兆欧表 E 端和 L 端分别与两个绕组的接线端相接。测量方法同上，并做好记录。

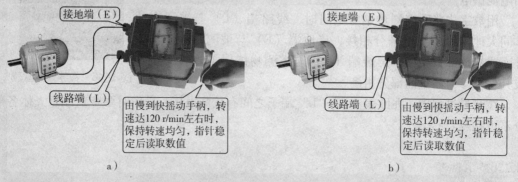

接地端（E）

线路端（L）

由慢到快摇动手柄，转速达到120 r/min左右时，保持转速均匀，指针稳定后读取数值

a）

接地端（E）

线路端（L）

由慢到快摇动手柄，转速达到120 r/min左右时，保持转速均匀，指针稳定后读取数值

b）

图 1-48　用兆欧表测量电动机绕组的绝缘电阻

a）测量绕组的对地绝缘电阻　b）测量绕组间绝缘电阻

表 1-7　测量电动机的绝缘电阻

相、地之间的绝缘电阻			两相之间的绝缘电阻		
U－⏚	V－⏚	W－⏚	U－V	V－W	W－U

提示

1. 兆欧表与被检测设备之间的连接导线，不可使用双股绝缘导线、平行线或绞线，而应使用绝缘良好的单股铜线，并且两条测量导线要分开连接，以免因导线绝缘不良而引起测量误差。

2. 兆欧表使用完毕后，在手柄没有完全停止转动和被测物体放电之前，不可触摸被测物体的测量部分和拆线，以免触电。需要对被测物体进行放电时，可用导线将检测点与地（或设备金属外壳）短接 2~3 min。

思考与练习

1. 有一段导线，电阻是 8 Ω，如果把它对折起来作为一条导线用，电阻值是多少？如果把它均匀拉伸，使它的长度变为原来的两倍，电阻值又是多少？

2. 色环电阻的颜色标注如图 1-49 所示，则该电阻的标称阻值和允许偏差分别是多少？

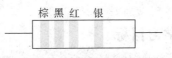

图 1-49　色环电阻的颜色标注

3. 某同学用万用表电阻挡测量未知电阻时，把转换开关置于 R×100 挡，测量时指针指示在图 1-50 所示位置，为了较准确地测出未知电阻的值，在下列可能的操作中，该同学应继续操作的步骤是_____。

图 1-50　指针指示的位置

A. 将转换开关置 R×10 挡

B. 将转换开关置 R×10 挡，并重新进行欧姆调零

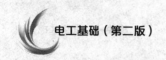
C. 将转换开关置 R×10 k 挡，并重新进行欧姆调零

D. 将转换开关置 R×1 k 挡，并重新进行欧姆调零

4. 某同学测量电阻时，按图 1-51 所示方式操作，是否正确？为什么？

5. 用万用表测量同一个二极管的正向电阻，选择不同的电阻挡所测得的电阻值不一样，这是什么原因？

6. 将万用表转换开关置于电阻挡，并将两支表笔短接，但指针始终无法调到"0"，可能是什么原因？应如何处理？

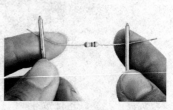

图 1-51　测量电阻

课题三　电功和电功率

学习目标

1. 理解电功、电功率的概念。
2. 掌握电功、电功率和焦耳热的计算方法。
3. 理解电气设备所标额定值的含义。

一、电功

搬运工将重物搬到高处，这是人力做功，消耗的是体能；使用电动葫芦同样也能把重物搬到高处，这是电流做功，消耗的是电能，如图 1-52 所示。

图 1-52　人力做功和电流做功

a）搬运工搬重物消耗的是体能　b）电动葫芦搬重物消耗的是电能

电流做功的过程，实质上就是将电能转化为其他形式的能的过程。例如，电流通过电动机做功，电能转化为机械能；电流通过电炉做功，电能转化为热能；电流通过灯泡做功，电能转化为热能和光能；电流通过电解槽做功，电能转化为化学能等。有多少电能转化为其他形式的能，电流就做了多少功。

电流所做的功，简称**电功**，用字母 W 表示。研究表明，电流在一段电路上所做的功等于这段电路两端的电压 U、电路中的电流 I 和通电时间 t 三者的乘积，即

$$W = UIt$$

式中，W、U、I、t 的单位分别为焦耳（J）、伏特（V）、安培（A）、秒（s）。

电功的另一个常用单位是**千瓦·时**（kW·h），即通常所说的"**度**"，它和焦耳的换算关系为

$$1 \text{ kW} \cdot \text{h} = 3.6 \times 10^6 \text{ J}$$

用来测量电流做功多少（也就是电路消耗电能多少）的仪表称为电能表，如图 1-53 所示。

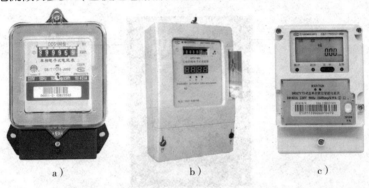

图 1-53 电能表

a）电子式电能表 b）预付费 IC 卡式电能表 c）智能电能表

二、电功率

在相同的时间内，电流通过不同的用电器所做的功，一般并不相同。例如，同一时间内电流通过电力牵引机车的电动机所做的功，显然比通过电风扇的电动机所做的功要大得多。为了表征电流做功的快慢程度，引入了电功率这一物理量。

电流在单位时间内所做的功称为**电功率**，用字母 P 表示，单位为瓦特（W），简称瓦。常用的电功率单位还有兆瓦（MW）和千瓦（kW）。它们之间的换算关系为

$$1 \text{ MW} = 1\ 000 \text{ kW}$$
$$1 \text{ kW} = 1\ 000 \text{ W}$$

电功率的计算式为

$$P = \frac{W}{t} = UI$$

式中，P、W、t、U、I 的单位分别为 W、J、s、V、A。

对于纯电阻电路，根据初中时学过的欧姆定律，上式还可以写为

$$P = I^2R \text{ 或 } P = \frac{U^2}{R}$$

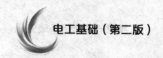

 **提示**

在计算电功率时应注意以下几点：

1. 只有在 U 和 I 为关联参考方向的情况下，才能应用 $P = UI$ 来计算电功率，否则应添加一个负号，即 $P = -UI$。

2. 公式选定后，U 和 I 的代入值应包括其正、负号。

3. 无论应用哪个公式计算电功率，只要 P 为正值，就表明元件吸收电功率，处于负载状态；若 P 为负值，则表明元件发出电功率，处于电源状态。

电功率是利用功率表进行测量的，图1-54所示为 D26-W 型便携式单相功率表。

电压端钮   电流端钮连接片

图1-54   D26-W 型便携式单相功率表

想一想

有人根据计算式 $P = I^2 R$ 说，电功率与电阻成正比；又有人根据计算式 $P = \dfrac{U^2}{R}$ 说，电功率与电阻成反比。他们的说法对吗？为什么？

三、电流的热效应

电烙铁通电后会发热，电水壶通电后可以将水烧开。电流通过导体时使导体发热的现象称为**电流的热效应**。也就是说，电流的热效应就是电能转换成热能的效应。电流与它流过导体时所产生的热量之间的关系可用下式表示：

$$Q = I^2 Rt$$

式中，Q 的单位是焦耳（J），这种热也称**焦耳热**。I、R、t 的单位分别为 A、Ω、s。

如果是纯电阻电路，那么电流所做的功与产生的热量相等，即电能全部转换为电路的热能。如果不是纯电阻电路，例如电路中有电动机、电解槽等其他类型负载，电能除部分转换为热能外，还有一部分要转换为机械能、化学能等。

【**例 1-3**】某电烤箱电阻是 5 Ω，工作电压是 220 V，则通电 15 min 能放出多少热量？消耗的电能是多少度？

解：电烤箱放出的热量为

$$Q = I^2 R t = \frac{U^2}{R} t = \frac{220^2}{5} \times 15 \times 60 \text{ J} = 8.712 \times 10^6 \text{ J}$$

消耗的电能为

$$W = Q = \frac{8.712 \times 10^6}{3.6 \times 10^6} \text{ 度} = 2.42 \text{ 度}$$

想一想

点亮的 40 W 灯泡，用手靠近，感到很热；而正在运转的几千瓦电动机，手摸外壳，却并不感到很热，这是为什么？

应用

电热设备

在生产和生活中有许多利用电热的设备，如图 1-55 所示的电暖器、电热供水器、工业电炉等，利用电弧加热可以产生非常高的温度。此外，还可以选用低熔点的铅锡合金等制成熔断器的熔丝以保护电路和设备。

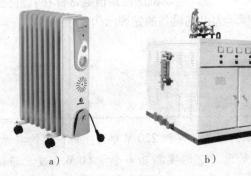

图 1-55 电热设备
a）电暖器　b）电热供水器　c）工业电炉

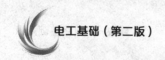

电流的热效应也有不利的一面，如电动机在运行中发热，不仅消耗电能，而且会加速绝缘材料的老化，严重时会发生事故。因此，在电气设备中应采取防护措施，以避免由电流的热效应所造成的危害。例如，许多大功率电气设备都装有散热器或散热片，有的电气设备还装有电风扇，机壳上设有散热孔，这些都是为了加快散热，如图1-56所示。

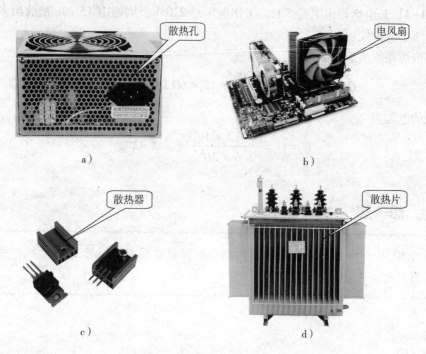

图1-56　电气设备的散热装置
a）散热孔　b）电风扇　c）散热器　d）散热片

四、负载的额定值

电气设备能长期安全工作所允许的最大电流、最大电压和最大功率分别称为**额定电流**、**额定电压**和**额定功率**。一般元器件和设备的额定值都标在其明显位置，如灯泡上标有的"220 V/40 W"和电阻上标有的"100 Ω/2 W"等。电动机的额定值通常标在其外壳的铭牌上，故其额定值也称**铭牌数据**。图1-57所示为电气设备的铭牌示例。

 **想一想**

一只额定电压为220 V、额定功率为60 W的灯泡，接到220 V电源上时，它的实际功率是60 W，正常发光；当电源电压低于220 V时，它的实际功率小于60 W，发光暗淡；当电源电压很低时，灯泡由于实际功率极小而不会发光；当电源电压高于220 V时，灯泡的实际功率就会超过60 W，甚至烧坏灯泡。这给我们哪些启示？

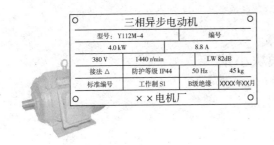

a)

b)

图 1-57　电气设备的铭牌示例

a）三相异步电动机的铭牌　b）电力变压器的铭牌

电气设备在额定功率下的工作状态称为**额定工作状态**，也称**满载**；低于额定功率的工作状态称为**轻载**；高于额定功率的工作状态称为**过载**或**超载**。由于过载很容易烧坏用电器，所以一般不允许出现过载。

【例 1-4】 某同学家中一个四位插排可承受的最大电压为 220 V，可通过的最大电流为 10 A，分析：

（1）该插排上能安装的用电器的总功率最大为多少？

（2）若该插排上已连接一台 900 W 的微波炉、两盏 15 W 的台灯，三个设备都在正常工作中，此时还能再在剩余的孔位上连接一台 1 500 W 的电暖器并开机运行吗？

解：（1）插排所能承受的最大功率为

$$P = UI = 220 \text{ V} \times 10 \text{ A} = 2\ 200 \text{ W}$$

（2）已连接并正在运行的用电器的总功率为

$$P_1 = 900 \text{ W} + （15 \times 2）\text{ W} = 930 \text{ W}$$

可以看出，$P_2 = P - P_1 = 2\ 200 \text{ W} - 930 \text{ W} = 1\ 270 \text{ W} < 1\ 500 \text{ W}$。

所以，此时不应再将电暖器连接到这个插排上使用。

 提示

> 对于电暖器这类大功率用电器，使用前应仔细阅读使用说明书，按要求使用，确保用电安全，一般应使用房间墙体上的固定插座单独供电。

思考与练习

1. 一只"220 V/40 W"的灯泡，正常发光时通过的电流为_____ A，灯丝的热电阻为_____ Ω，如果把它接到 110 V 的电源上，它实际消耗的功率为_____ W。

2. 额定值为"100 Ω/1 W"的电阻，两端允许加的最大直流电压为多少？允许流过的直流电流又是多少？

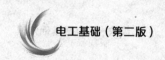

本模块小结

1. 电路的主要物理量（表1-8）。

表1-8 电路的主要物理量

名称	符号	物理意义	国际单位制的单位名称及符号
电流	I	单位时间内通过导体横截面的电荷量 $I = \dfrac{Q}{t}$	安培（A）
电压	U	电场力移动单位正电荷所做的功	伏特（V）
电位	U	电路中某点与参考点之间的电压	伏特（V）
电动势	E	非静电力克服电场力，将单位正电荷从电源的负极经电源内部移到正极所做的功	伏特（V）
电阻	R	导体对电流的阻碍作用 $R = \rho \dfrac{l}{S}$	欧姆（Ω）
电能	W	电流所做的功 $W = UIt$	焦耳（J）
电功率	P	电流在单位时间内所做的功 $P = UI$	瓦特（W）

2. 形成电流必须具备两个条件：要有能自由移动的电荷——载流子；导体两端必须保持一定的电压，电路必须闭合。

3. 电路中任意两点之间的电位差就等于这两点之间的电压，故电压又称电位差。电位是相对的数值，随参考点的改变而改变，但电压是绝对的数值，不随参考点的改变而改变。

4. 电动势只存在于电源内部，而电压不仅存在于电源两端，还存在于电源内部；在有载情况下，电源端电压在数值上总是小于电源电动势，只有当电源开路时，电源端电压在数值上才与电源电动势相等。

5. 额定值就是保证电气设备能长期安全工作的参数最大值，最大电压、最大电流和最大功率分别称为额定电压、额定电流和额定功率。只有当实际电压等于额定电压时，实际功率才等于额定功率，电气设备才能安全可靠、经济合理地工作。

6. 电流通过导体时使导体发热的现象称为电流的热效应。电流与它流过导体时所产生的热量之间的关系为 $Q = I^2 Rt$。

模块二
简单直流电路的分析

课题一　全电路欧姆定律

学习目标

1. 掌握全电路欧姆定律。
2. 能用全电路欧姆定律分析电路的三种工作状态。
3. 掌握测量电源电动势和内阻的方法。

一、部分电路欧姆定律

在初中，我们曾学习过欧姆定律，其内容是：导体中的电流与导体两端的电压成正比，与导体的电阻成反比，其公式为

$$I = \frac{U}{R}$$

实际上，以上定律中所涉及的这段电路并不包括电源。这种只含有负载而不包含电源的一段电路称为**部分电路**，如图 2-1a 虚线框中所示。因此，更准确地说，这一定律应称为**部分电路欧姆定律**。

部分电路欧姆定律的计算公式还与参考方向的选取有关。在图 2-1b 所示电路中，电压 U 与电流 I 选为非关联参考方向，则部分电路欧姆定律的表达式也应相应改为

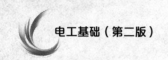

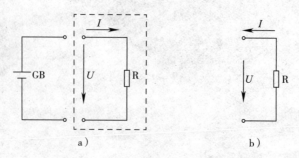

图 2-1　部分电路参考方向的选取

a）电压和电流方向相同　b）电压和电流方向相反

$$I = -\frac{U}{R}$$

二、全电路欧姆定律

全电路是含有电源的闭合电路，如图 2-2 所示。电源内部的电路称为**内电路**，如发电机的线圈、电池内的溶液等。电源内部的电阻称为**内电阻**，简称内阻。通常可以将电源看作一个没有电阻的理想电源与电阻的串联，如图 2-2 中阴影部分所示。电源外部的电路称为**外电路**，外电路中的电阻称为**外电阻**。

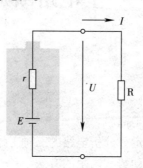

图 2-2　简单的全电路

全电路欧姆定律的内容：闭合电路中的电流与电源的电动势成正比，与电路的总电阻（内电路电阻与外电路电阻之和）成反比，公式为

$$I = \frac{E}{R + r}$$

由上式可得

$$E = IR + Ir = U_{外} + U_{内}$$

式中，$U_{内}$ 为内电路的电压降，$U_{外}$ 为外电路的电压降，也是电源两端的输出电压。这样，全电路欧姆定律又可表述为电源电动势等于 $U_{外}$ 和 $U_{内}$ 之和。

将 $E = IR + Ir$ 两边同乘以 I，可得

$$IE = I^2 R + I^2 r$$

即

$$P_{电源} = P_{负载} + P_{内阻}$$

上式表明，在一个闭合回路中，电源电动势输出的功率，等于负载电阻消耗的功率和

电源内阻消耗的功率之和。这种关系称为电路中的**功率平衡**。

三、电源的外特性

电源端电压 U 与电源电动势的关系为

$$U = E - Ir$$

可见，当电源电动势 E 和内阻 r 一定时，电源端电压 U 将随负载电流 I 的变化而变化。通常把电源端电压随负载电流变化的关系特性称为电源的外特性，其关系特性曲线称为电源的**外特性曲线**，如图 2-3 所示。由图可见，电源端电压 U 随着电流 I 的增大而减小。电源内阻越大，直线倾斜得越厉害；直线与纵轴交点的纵坐标表示电源电动势的大小（$I=0$ 时，$U=E$）。

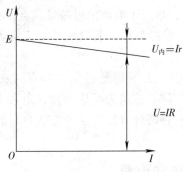

图 2-3　电源的外特性曲线

四、电路的三种状态

下面应用全电路欧姆定律，分析图 2-4 所示电路在三种不同状态下，电源端电压与输出电流之间的关系。

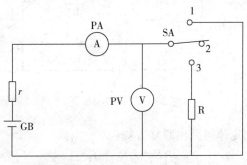

图 2-4　电路的三种状态

1. 通路

开关 SA 接到位置"3"时，电路处于**通路**状态，或称有载状态，电路中电流为

$$I = \frac{E}{R + r}$$

电源端电压与输出电流的关系为

$$U = E - U_内 = E - Ir$$

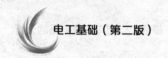

可见，当电源电动势和内阻一定时，电源端电压随输出电流的增大而下降。通常把通过大电流的负载称为大负载，把通过小电流的负载称为小负载。也就是说，当电源的内阻一定时，电路接大负载，电源端电压下降较大；电路接小负载，电源端电压下降较小。

2. 开路（断路）

开关 SA 接到位置"2"时，电路处于**开路**状态，相当于负载电阻 $R\rightarrow\infty$ 或电路中某处连接导线断开。此时电路中电流为零，内阻压降也为零，$U=E$，即电源的开路电压在数值上等于电源的电动势。

实际电路中，导体因接触面有氧化层、脏污，接触面过小，接触压力不足等，会出现电阻过大的现象，严重时也会造成开路。

3. 短路

开关 SA 接到位置"1"时，相当于电源两极被导线直接相连，称为**短路**。电路中短路电流 $I_{短}=E/r$。由于电源内阻一般都很小，所以短路电流极大。此时，电源对外输出电压 $U=E-I_{短}r=0$。

电源短路是严重的故障状态，必须尽量避免。但有时在调试和维修电气设备的过程中，会有意将电路中某一部分短路，这是为了让与调试过程无关的部分暂时不通电流，或是为了便于发现故障而采用的一种特殊方法，这种方法也只有在确保电路安全的情况下才能采用。

五、测量电源的电动势和内阻

【例 2-1】 在图 2-5 所示电路中，电阻 $R_1=14\ \Omega$，$R_2=9\ \Omega$。当开关 SA 接到位置 1 时，由电流表测得 $I_1=0.2\ \text{A}$；接到位置 2 时，测得 $I_2=0.3\ \text{A}$。求电源电动势 E 和内阻 r。

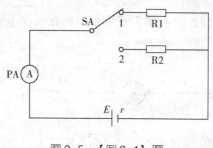

图 2-5 【例 2-1】图

解： 根据全电路欧姆定律可列出联立方程：

$$\begin{cases} E = I_1R_1 + I_1r \\ E = I_2R_2 + I_2r \end{cases}$$

消去 E，解得

$$r = \frac{I_1R_1 - I_2R_2}{I_2 - I_1} = \frac{0.2 \times 14 - 0.3 \times 9}{0.3 - 0.2}\ \Omega = 1\ \Omega$$

把 r 值代入 $E=I_1R_1+I_1r$ 或 $E=I_2R_2+I_2r$，可得

$$E = 3\ \text{V}$$

实验室中常用上述方法来测量电源的电动势和内阻。

动手做

下面通过实验，实际测试直流电源的外特性。

1. 按图2-6所示接线，因电源内阻一般很小，不易测量，故用100 Ω电阻模拟电源内阻，同时起限流保护作用。

2. 断开开关，电流为0，将电压表读数记入表2-1中。

3. 将可调电阻调至最大，合上开关，观察电压表和电流表的读数，记入表2-1中。

4. 以200 Ω为间隔逐步调小可调电阻（用万用表测量），观察电压表和电流表的读数，记入表2-1中。

5. 测试完毕，断开开关S。

6. 根据表2-2中数据，在图2-7中绘制直流电源外特性曲线。

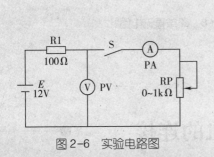

图2-6 实验电路图

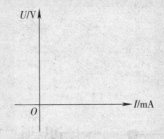

图2-7 直流电源外特性曲线

表2-1 直流电源的外特性

被测量	电阻/Ω						
	∞（开关断开）	1 000	800	600	400	200	0
电流/mA							
电压/V							

提示

调整可调电阻时，应先断开电源，才可用万用表测量。

思考与练习

1. 下列说法对吗？为什么？

（1）当电源的内阻为零时，电源电动势的大小就等于电源端电压。

（2）当电路开路时，电源电动势的大小就等于电源端电压。

（3）在通路状态下，负载电阻变大，电源端电压就下降。

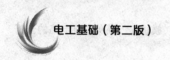

（4）在短路状态下，内电路的电压降等于零。

（5）在电源电动势一定的情况下，电阻大的负载就是大负载。

2. 在图2-8所示电路中，开关SA接通后，调整负载电阻 R_L，当电压表读数为80 V时，电流表读数为10 A；当电压表读数为90 V时，电流表读数为5 A。求发电机G的电动势 E 和内阻 r。

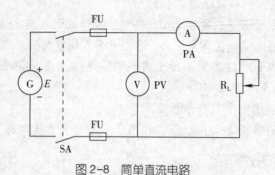

图2-8　简单直流电路

课题二　电阻的连接

学习目标

1. 掌握电阻串、并、混联电路的特点及其应用。
2. 能综合运用欧姆定律和电阻串、并联关系分析计算简单电路。

某电工仪表表头的等效内阻 $R_a = 10\ \text{k}\Omega$，满刻度电流（即允许通过的最大电流） $I_a = 50\ \mu\text{A}$，满刻度电压 $U_a = I_a R_a = 0.5\ \text{V}$。

用这个表头可以去测量1 A的电流吗？不能。可以去测量10 V的电压吗？也不能。但如果给表头连接适当的电阻，就可以进行测量了。

一、电阻串联电路

把多个电阻逐个顺次连接起来，就组成了**串联电路**。图2-9a所示为由三个电阻组成的串联电路。图2-9b所示为电阻串联电路的等效电路。

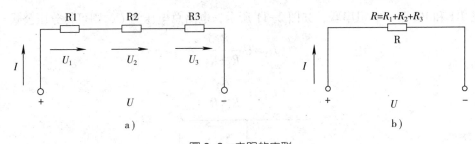

图 2-9　电阻的串联

a）电阻的串联电路　b）等效电路

1. 电阻串联电路的特点

动手做

1. 按图 2-10 所示连接电路，接通 9 V 直流电源，分别测量两个电阻上的电压，并记录数据。

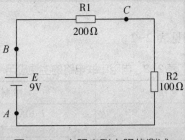

图 2-10　电阻串联电路的测试

2. 分别测量流过 A、B、C 三点的电流，并记录数据。

3. 分析实验结果，总结电路中总电压与各电阻分电压的关系，各点电流之间的关系。

4. 计算总电压除以总电流的值，分析它与两个电阻之间的关系。

通过上面的实验可以发现，电阻串联电路具有以下特点，即

（1）电路中流过每个电阻的电流都相等。

$$I = I_1 = I_2 = \cdots = I_n$$

（2）电路两端的总电压等于各电阻两端的分电压之和，即

$$U = U_1 + U_2 + \cdots + U_n$$

（3）电路的等效电阻（即总电阻）等于各串联电阻之和，即

$$R = R_1 + R_2 + \cdots + R_n$$

（4）电路中各个电阻两端的电压与它的阻值成正比，即

$$\frac{U_1}{R_1} = \frac{U_2}{R_2} = \cdots = \frac{U_n}{R_n}$$

上式表明，在串联电路中，阻值越大的电阻分配到的电压越大；反之，分配到的电压越小。

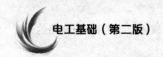

若 R1 和 R2 两个电阻串联，如图 2-11 所示，电路总电压为 U，则可得分压公式：

$$U_1 = U \frac{R_1}{R_1 + R_2}$$

$$U_2 = U \frac{R_2}{R_1 + R_2}$$

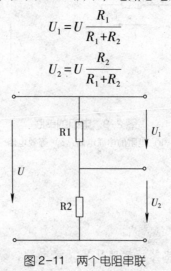

图 2-11　两个电阻串联

2. 电阻串联电路的应用

电阻串联电路的主要应用见表 2-2。

表 2-2　电阻串联电路的主要应用

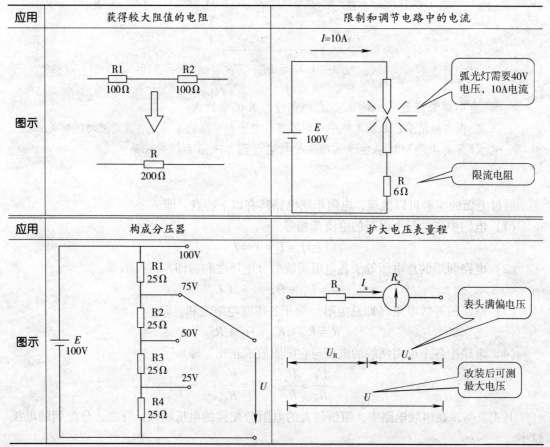

【例2-2】 要把等效内阻 $R_a = 10\ k\Omega$，满刻度电流 $I_a = 50\ \mu A$ 的表头，改装成量程为 10 V 的电压表，应串联多大的电阻？

解：按题意，当表头满刻度时，表头两端电压 U_a 为

$$U_a = I_a R_a = 50 \times 10^{-6} \times 10 \times 10^3\ V = 0.5\ V$$

设量程扩大到 10 V 需要串入的电阻为 R_x，则

$$R_x = \frac{U_x}{I_a} = \frac{U - U_a}{I_a} = \frac{10 - 0.5}{50 \times 10^{-6}}\ \Omega = 190\ k\Omega$$

想一想

图 2-12 所示为某多量程直流电压表工作原理图，按量程高低排列，应为 U_4 ＿＿＿ U_3 ＿＿＿ U_2 ＿＿＿ U_1 （填写 "＞" 或 "＜"），U_1 量程的分压电阻为＿＿＿＿＿，U_2 量程的分压电阻为＿＿＿＿＿，U_3 量程的分压电阻为＿＿＿＿＿，U_4 量程的分压电阻为＿＿＿＿＿。

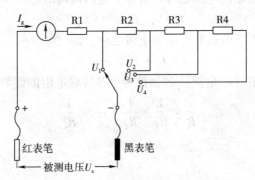

图 2-12 某多量程直流电压表工作原理图

二、电阻并联电路

把多个电阻并列地连接（首与首、尾与尾连接）起来，由同一电源供电，就组成了**并联电路**。图 2-13a 是由三个电阻组成的并联电路。图 2-13b 所示为电阻并联电路的等效电路。

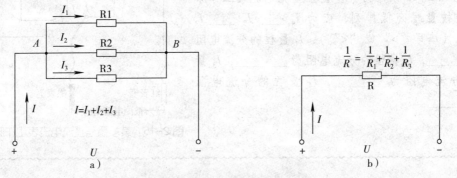

图 2-13 电阻的并联

a）电阻的并联电路 b）等效电路

1. 电阻并联电路的特点

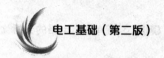
动手做

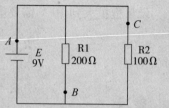
图2-14 电阻并联电路的测试

1. 按图2-14连接电路，接通9 V直流电源，分别测量两个电阻上的电压，记录数据。

2. 分别测量 A、B、C 三点的电流，记录数据。

3. 分析实验结果，总结电路中总电压与各电阻分电压的关系、各点电流的关系。

4. 计算总电压除以总电流的值，分析它与两个电阻之间的关系。

通过上面实验可以发现，电阻并联电路具有以下特点：

（1）电路中各电阻两端的电压相等，且等于电路两端的电压，即

$$U = U_1 = U_2 = \cdots = U_n$$

（2）电路的总电流等于流过各电阻的电流之和，即

$$I = I_1 + I_2 + \cdots + I_n$$

（3）电路的等效电阻（总电阻）的倒数等于各并联电阻的倒数之和，即

$$\frac{1}{R} = \frac{1}{R_1} + \frac{1}{R_2} + \cdots + \frac{1}{R_n}$$

想一想

1. 三个电阻 R1、R2 和 R3（$R_1 > R_2 > R_3$）并联后的等效电阻为 R，则 R_1、R_2、R_3、R 中哪个最大？哪个最小？

2. 图2-15所示为某多量程直流电流表工作原理图，按量程高低排列，应为 I_4 ____ I_3 ____ I_2 ____ I_1（填写 ">" 或 "<"），I_1 量程的分流电阻为_____，I_2 量程的分流电阻为_____，I_3 量程的分流电阻为_____，I_4 量程的分流电阻为_____。

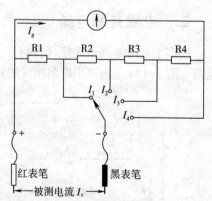
图2-15 某多量程直流电流表工作原理图

（4）电路中通过各支路的电流与支路的电阻成反比，即

$$IR = I_1R_1 = I_2R_2 = \cdots = I_nR_n$$

上式表明，阻值越大的电阻分配到的电流越小；反之，分配到的电流越大。

若 R1 和 R2 两个电阻并联，如图 2-16 所示，电路的总电流为 I，则可得分流公式：

$$I_1 = I\frac{R_2}{R_1 + R_2}$$

$$I_2 = I\frac{R_1}{R_1 + R_2}$$

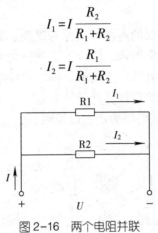

图 2-16 两个电阻并联

2. 电阻并联电路的应用

电阻并联电路的主要应用有：

（1）凡是额定工作电压相同的负载都可以采用并联的工作方式。例如，电灯、电风扇、电视机、电冰箱、洗衣机等家用电器，都是并列地连接在电路中，并各自安装一个开关，它们可以分别控制，互不影响，如图 2-17 所示。

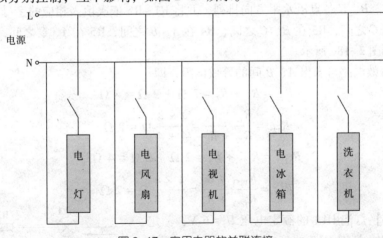

图 2-17 家用电器的并联连接

（2）获得较小阻值的电阻。

（3）扩大电流表的量程。

【例 2-3】要把等效内阻 $R_a = 10\ \text{k}\Omega$，满刻度电流 $I_a = 5\ \text{mA}$ 的表头，改装成量程为 1 A 的电流表，应并联多大的电阻？

解：当表头满刻度时，表头两端电压 U_a 为

$$U_a = I_aR_a = 5 \times 10^{-3} \times 10 \times 10^3\ \text{V} = 50\ \text{V}$$

设量程扩大到 1 A 需要并联的电阻为 R_x，则

$$R_x = \frac{U_a}{I - I_a} = \frac{50}{1 - 5 \times 10^{-3}} \ \Omega \approx 50 \ \Omega$$

三、电阻混联电路

电路中元件既有串联又有并联的连接方式称为**混联**。对于电阻混联电路的计算，只需根据电阻串、并联的规律逐步求解即可，但对于某些较为复杂的电阻混联电路，若难以判别各电阻之间的连接关系，比较有效的方法就是画出等效电路图，即把原电路整理成较为直观的串、并联关系的电路图，然后计算其等效电阻。

下面以图 2-18 所示电阻混联电路为例加以说明。

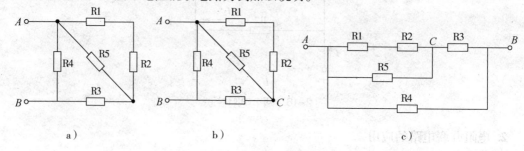

图 2-18　电阻混联电路

【例 2-4】 图 2-18a 中 $R_1 = R_2 = R_3 = 2 \ \Omega$，$R_4 = R_5 = 4 \ \Omega$，求 A、B 间的等效电阻 R_{AB}。

解：（1）为了便于看清各电阻之间的连接关系，在原电路中标出字母 C，如图 2-18b 所示。

（2）将 A、B、C 各点沿水平方向排列，并将 R1~R5 依次填入相应的字母之间。R1 与 R2 串联在 A、C 之间，R3 在 B、C 之间，R4 在 A、B 之间，R5 在 A、C 之间，即可画出等效电路图，如图 2-18c 所示。

（3）由等效电路可求出 A、B 间的等效电阻，即

$$R_{12} = R_1 + R_2 = 2 \ \Omega + 2 \ \Omega = 4 \ \Omega$$

$$R_{125} = \frac{R_{12} \times R_5}{R_{12} + R_5} = \frac{4 \times 4}{4 + 4} \ \Omega = 2 \ \Omega$$

$$R_{1253} = R_{125} + R_3 = 2 \ \Omega + 2 \ \Omega = 4 \ \Omega$$

$$R_{AB} = \frac{R_{1253} \times R_4}{R_{1253} + R_4} = \frac{4 \times 4}{4 + 4} \ \Omega = 2 \ \Omega$$

【例 2-5】 灯泡 HL1 的额定电压 $U_1 = 6 \ V$，额定电流 $I_1 = 0.5 \ A$；灯泡 HL2 的额定电压 $U_2 = 5 \ V$，额定电流 $I_2 = 1 \ A$。现有的电源电压 $U = 12 \ V$，如何接入电阻可使两个灯泡都能正常工作？

解： 利用电阻串联的分压特点，将两个灯泡分别串上 R3 与 R4 再予以并联，然后接上电源，如图 2-19 所示。下面分别求出使两个灯泡正常工作时，R3 与 R4 的额定值。

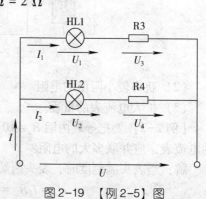

图 2-19　【例 2-5】图

（1）R3 两端电压为

$$U_3 = U - U_1 = 12\ V - 6\ V = 6\ V$$

R3 的阻值为

$$R_3 = \frac{U_3}{I_1} = \frac{6\ V}{0.5\ A} = 12\ \Omega$$

R3 的额定功率为

$$P_3 = U_3 I_1 = 6\ V \times 0.5\ A = 3\ W$$

所以，R3 应选"12 Ω／3 W"的电阻。

（2）R4 两端电压为

$$U_4 = U - U_2 = 12\ V - 5\ V = 7\ V$$

R4 的阻值为

$$R_4 = \frac{U_4}{I_2} = \frac{7\ V}{1\ A} = 7\ \Omega$$

R4 的额定功率为

$$P_4 = U_4 I_2 = 7\ V \times 1\ A = 7\ W$$

所以，R4 应选"7 Ω／7 W"的电阻。

知识拓展

开关的串、并联

1. 开关的串联

将开关串联连接的控制形式称为"与（AND）"形式。例如，用两个按钮开关 S1 和 S2 串联控制冲床的启停，如图 2-20 所示。操作者必须将两个开关闭合才能开动冲床，而如果要冲床停止，断开一个开关即可。

2. 开关的并联

将开关并联连接的控制形式称为"或（OR）"形式。例如，将两个按钮开关 S1 和 S2 并联，如图 2-21 所示，无论按下 S1 还是 S2，或将两个按钮开关同时按下，都可使灯泡发光。例如，汽车内顶灯的开关就是并联连接，无论是乘客边的车门打开，还是驾驶员边的车门打开，顶灯都会亮起。

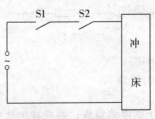

图 2-20 开关的串联

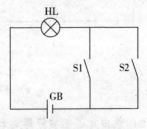

图 2-21 开关的并联

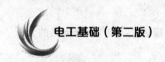

电池的串、并联

1. 电池的串联

当用电器的额定电压高于单节电池的电动势时，可以将多节电池串联起来使用，称为**串联电池组**，如图2-22所示。例如，有些晶体管收音机或手电筒采用的就是串联电池组供电。

设串联电池组是由 n 节电动势都是 E、内阻都是 r 的电池组成，则串联电池组的总电动势：

$$E_{串} = nE$$

串联电池组的总内阻：

$$r_{串} = nr$$

想一想，在串联电池组中，如果误将其中一节电池极性接反，它对电池组总电动势和总内阻有何影响？

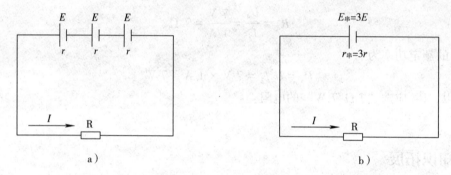

图2-22　电池的串联
a) 串联电池组　b) 等效电路

2. 电池的并联

有些用电器需要电池能输出较大的电流，这时可用并联电池组，如图2-23所示。例如，在汽车、拖拉机上供起动用的蓄电池组就是采用这种连接方式。

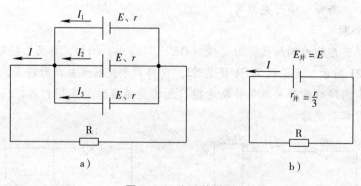

图2-23　电池的并联
a) 并联电池组　b) 等效电路

设并联电池组是由 n 节电动势都是 E、内阻都是 r 的电池组成，则并联电池组的总电动势：

$$E_{并} = E$$

并联电池组的总内阻：

$$r_{并} = \frac{r}{n}$$

想一想，电动势不同的电池可以并联使用吗？为什么？

思考与练习

1. 一只"110 V/60 W"的灯若接在 220 V 电源上，需串联多大的分压电阻？

2. 三个电阻 R1、R2、R3 并联，若 $R_1 = 10\ \Omega$，$R_2 = 100\ \Omega$，R_3 短路为 $0\ \Omega$，则并联后的等效电阻是多少？

3. 两个电阻 $R_1 = 10\ \Omega$，$R_2 = 10\ k\Omega$，二者阻值相差悬殊，在计算时可以把其中一个忽略不计。则 R1 与 R2 串联时可略去哪一个？并联时可略去哪一个？

4. 有两只白炽灯，额定电压都是 220 V，HL1 灯的功率是 25 W，HL2 灯的功率是 100 W，把它们按图 2-24 所示的两种方式连接后接入 220 V 的电压，发现图 2-24a 中的 HL1 灯比 HL2 灯亮，图 2-24b 中的 HL2 灯比 HL1 灯亮，这是为什么？

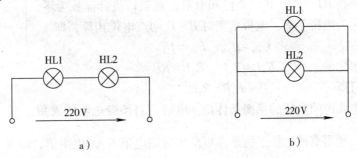

图 2-24 两只白炽灯的连接

5. 图 2-25 所示的三个电阻是串联、并联，还是混联？总电阻 R_{AB} 等于多少？

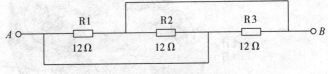

图 2-25 判断电阻连接方式

6. 有四节相同的电池，每节电池的电动势为 1.5 V，内阻为 0.1 Ω，若将它们串联起来，则总电动势为 _____ V，总内阻为 _____ Ω；若将它们并联起来，则总电动势为 _____ V，总内阻为 _____ Ω。

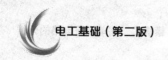

课题三　直流电桥

学习目标

1. 掌握直流电桥的平衡条件和用直流电桥测量电阻的方法。
2. 了解不平衡直流电桥的应用。
3. 能用直流电桥正确测量电阻。

一、直流电桥的平衡条件及其应用

电桥是测量技术中常用的一种电路形式。本课题只介绍直流电桥，其电路如图 2-26 所示。图中的四个电阻都称为**桥臂**，R_x 是待测电阻。B、D 间接入检流计 G。

调整 R1、R2、R 三个已知电阻，直至检流计读数为零，这时称为**电桥平衡**。电桥平衡时 B、D 两点电位相等，即

$$U_{AD} = U_{AB} \qquad U_{DC} = U_{BC}$$

因此 $\qquad R_1 I_1 = R_x I_2 \qquad R_2 I_1 = R I_2$

可得 $\qquad R_1 R = R_2 R_x$

上式说明电桥的**平衡条件**是：电桥相对桥臂电阻的乘积

相等。利用直流电桥平衡条件可求出待测电阻 R_x 的电阻值，即 $R_x = \dfrac{R_1}{R_2} R$。

图 2-27 所示为直流电桥实物图。

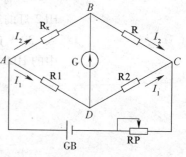

图 2-26　直流电桥电路

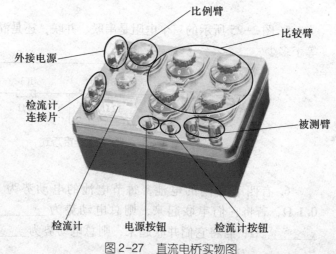

图 2-27　直流电桥实物图

为了测量简便，R_1 与 R_2 之比常设为整十倍关系，通过比例臂调节。比较臂用于调整 R 的数值，采用多位十进制电阻箱，并且选用精度较高的标准电阻，使测量结果可以有多位有效数字，测得的结果比较准确。

二、不平衡直流电桥的应用

电桥的另一种用法是：当 R_x 为某一定值时将电桥调至平衡，使检流计指零；当 R_x 有微小变化时，电桥失去平衡，根据检流计的指示值及其与 R_x 间的对应关系间接测知 R_x 的变化情况。同时，它还可将 R_x 的变化转换成电压的变化，这在测量和控制技术中有着广泛的应用。

1. 利用电桥测量温度

把热敏电阻置于被测点，当温度变化时，电阻值也随之改变，用电桥测出电阻值的变化量，即可间接得知温度的变化量。

2. 利用电桥测量质量

把电阻应变片紧贴在承重的部位，当受到力的作用时，电阻应变片的电阻就会发生变化，通过电桥电路可以把电阻的变化量转换成电压的变化量，经过放大电路放大和处理后，最后显示出物体的质量，如图 2-28 所示。

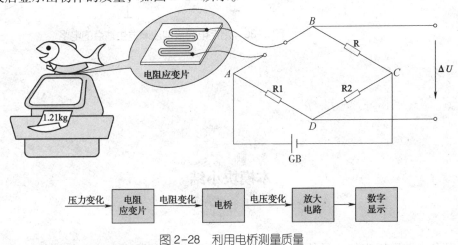

图 2-28 利用电桥测量质量

思考与练习

1. 实验室通常用滑线式电桥测量未知电阻，如图 2-29 所示。当滑片滑到 D 点时电桥处于平衡状态，此时检流计的读数为多少？若这时测得 $L_1 = 40$ cm，$L_2 = 60$ cm，$R = 10$ Ω，则 R_x 的阻值是多少？试说明该电桥测量的精确度与哪些因素有关。

2. 图 2-30 所示是用来测定电缆接地故障发生地点的电路，调节电阻 R_M 与 R_N 的大小，当 $R_M/R_N = 1.5$ 时，电桥平衡。测定故障点时，在靠近电源端取一处（在两根电缆上分别记为 A、C 点），在远离电源端取另一处（在两根电缆上分别记为 B、D 点），将 B 处平行的两根电缆线人为地短接（用导线连接 B、D），如果 A 与 B 之间（即 C 与 D

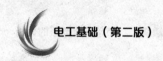

之间）的距离 $L=5$ km，求故障地点 P 距 A 处多远。（短接用的导线电阻可忽略不计。）

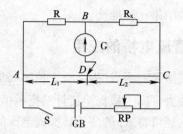

图 2-29　用滑线式电桥测量未知电阻

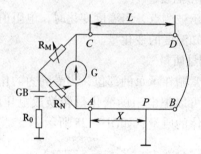

图 2-30　测定电缆接地故障发生地点的电路

本模块小结

1. 部分电路欧姆定律：导体中的电流与导体两端的电压成正比，与导体的电阻成反比，其表达式为 $I=\dfrac{U}{R}$。

2. 全电路欧姆定律：闭合回路中的电流与电源的电动势成正比，与电路中内阻和外电阻之和成反比，其表达式为 $I=\dfrac{E}{R+r}$。

3. 电源输出的电功率等于负载消耗的电功率与电源内阻消耗的电功率之和。

4. 电路在三种状态下各物理量间的关系见表 2-3。

表 2-3　电路在三种状态下各物理量间的关系

电路状态	电流	端电压	电源总功率	负载消耗功率	内阻消耗功率
断路	$I=0$	$U=E$	$P_E=0$	$P_R=0$	$P_r=0$

续表

电路状态	电流	端电压	电源总功率	负载消耗功率	内阻消耗功率
通路	$I=\dfrac{E}{R+r}$	$U=E-Ir$	$P_E=EI$	$P_R=UI$	$P_r=I^2r$
短路	$I=\dfrac{E}{r}$	$U=0$	$P_E=I^2r$	$P_R=0$	$P_r=I^2r$

5. 串、并联电路的特点见表 2-4。

表 2-4　串、并联电路的特点

项目		串联电路	并联电路
多个电阻	电压 U	$U=U_1+U_2+U_3+\cdots+U_n$	$U=U_1=U_2=U_3=\cdots=U_n$
	等效电阻 R	$R=R_1+R_2+R_3+\cdots+R_n$	$\dfrac{1}{R}=\dfrac{1}{R_1}+\dfrac{1}{R_2}+\dfrac{1}{R_3}+\cdots+\dfrac{1}{R_n}$
	电流 I	$I=I_1=I_2=I_3=\cdots=I_n$	$I=I_1+I_2+I_3+\cdots+I_n$
	功率 P	$P=P_1+P_2+P_3+\cdots+P_n$ $=I^2R_1+I^2R_2+I^2R_3+\cdots+I^2R_n$	$P=P_1+P_2+P_3+\cdots+P_n$ $=\dfrac{U^2}{R_1}+\dfrac{U^2}{R_2}+\dfrac{U^2}{R_3}+\cdots+\dfrac{U^2}{R_n}$
两个电阻	等效电阻 R	$R=R_1+R_2$	$R=\dfrac{R_1R_2}{R_1+R_2}$
	分压或分流公式	$\begin{cases}U_1=U\dfrac{R_1}{R_1+R_2}\\[2mm]U_2=U\dfrac{R_2}{R_1+R_2}\end{cases}$	$\begin{cases}I_1=I\dfrac{R_2}{R_1+R_2}\\[2mm]I_2=I\dfrac{R_1}{R_1+R_2}\end{cases}$

6. 直流电桥平衡的条件为相对桥臂电阻的乘积相等。

模块三
复杂直流电路的分析

课题一　基尔霍夫定律

学习目标

1. 了解复杂电路和简单电路的区别，掌握复杂电路的基本术语。
2. 掌握基尔霍夫第一定律的内容，并了解其应用。
3. 掌握基尔霍夫第二定律的内容，并了解其应用。

一、复杂电路的基本概念

图 3-1 所示电路只有 3 个电阻、2 个电源，似乎很简单，但是它能用电阻串、并联关系化简，并用欧姆定律求解吗？显然不能。如果要求计算不平衡的直流电桥电路（图 3-2），也会遇到同样的困难。

不能利用电阻串、并联关系化简求解的电路称为**复杂电路**。虽然在实际操作中很少遇到求解复杂电路的问题，但求解复杂电路所涉及的基本定律和基本概念，却是十分重要的。

求解复杂电路要应用基尔霍夫定律，为了理解该定律的含义，先熟悉有关复杂电路的基本术语。

节点　3 条或 3 条以上连接有电气元件的导线的连接点称为节点。图 3-1 所示电路中有 A、B 两个节点。

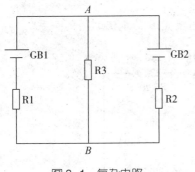

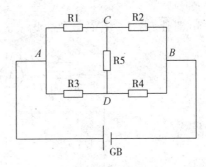

图 3-1　复杂电路　　　　　　　图 3-2　直流电桥电路

支路　电路中相邻节点间的分支称为支路。它由一个或几个相互串联的电气元件所构成。图 3-1 所示电路中有 3 条支路，即 GB1、R1 支路，R3 支路，GB2、R2 支路。其中，含有电源的支路称为**有源支路**，不含电源的支路称为**无源支路**。

回路和网孔　电路中任一闭合路径都称为回路。一个回路可能只含一条支路，也可能包含几条支路。其中，在电路图中不被其他支路所分割的最简单的回路又称独立回路或网孔。图 3-1 所示电路中有 3 个回路、2 个网孔。

 提示

> 网孔一定是回路，但回路不一定是网孔。

 想一想

图 3-2 所示电路中有几条支路？几个节点？几个回路？几个网孔？

二、基尔霍夫第一定律

动手做

1. 按图 3-3 连接电路，调节直流稳压电源，使 $E_1 = E_2 = 12$ V。

2. 接通电源，若发现电流表指针反偏，应立即切断电源，调换电流表极性后重新通电。

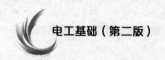

3. 测量 I_1、I_2、I_3 的数值，比较流入、流出节点 B 的电流之间的关系。

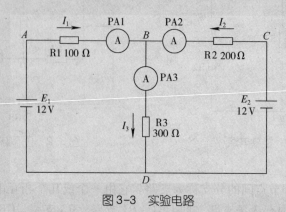

图 3-3　实验电路

4. 测量完毕，切断电源。

通过上述实验可以发现，流入、流出节点 B 的电流相等，这一规律实际上具有普遍性，即基尔霍夫第一定律。

基尔霍夫第一定律又称**节点电流定律**。它指出：在任一瞬间，流进某一节点的电流之和恒等于流出该节点的电流之和，即

$$\sum I_入 = \sum I_出$$

如图 3-4 所示，对于节点 O 有

$$I_1 + I_2 = I_3 + I_4 + I_5$$

可将上式改写成

$$I_1 + I_2 - I_3 - I_4 - I_5 = 0$$

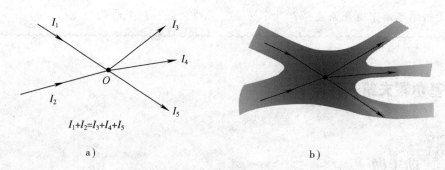

图 3-4　基尔霍夫第一定律

a）流入总电流=流出总电流　b）流入总水量=流出总水量

因此得到

$$\sum I = 0$$

即对任一节点来说，流入和流出该节点电流的代数和恒等于零。

提示

在应用基尔霍夫第一定律求解未知电流时，可先任意假设支路电流的参考方向，列出节点电流方程。通常可将流进节点的电流取正，流出节点的电流取负，再根据计算值的正负来确定未知电流的实际方向。有些支路的电流可能是负，这是由于所假设的电流方向与实际方向相反。

【**例3-1**】图3-5所示电路中，$I_1 = 2$ A，$I_2 = -3$ A，$I_3 = -2$ A，求I_4。

解：由基尔霍夫第一定律可知

$$I_1 - I_2 + I_3 - I_4 = 0$$

代入已知值可得

$$2 \text{ A} - (-3 \text{ A}) + (-2 \text{ A}) - I_4 = 0$$

解得

$$I_4 = 3 \text{ A}$$

式中，括号外正负号是由基尔霍夫第一定律根据电流的参考方向确定的，括号内数字前的负号则表示实际电流方向和参考方向相反。

【**例3-2**】电路如图3-6所示，求电流I_3。

解：对A节点：

$$I_1 - I_2 - I_3 = 0$$

因为R3支路不构成回路，无电流通过，所以$I_1 = I_2$，$I_3 = 0$。

同理，对B节点：

$$I_4 = I_5，I_3 = 0$$

没有构成闭合回路的单支路电流为零。

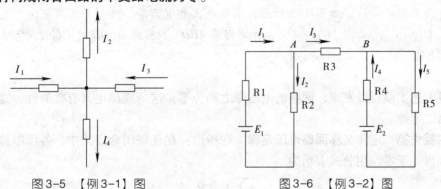

图3-5 【例3-1】图　　　　　　　图3-6 【例3-2】图

基尔霍夫第一定律可以推广应用于任一假设的**闭合面（广义节点）**。例如，图3-7所示电路中闭合面所包围的是一个三角形电路，它有3个节点。应用基尔霍夫第一定律可以列出

$$I_A = I_{AB} - I_{CA}$$

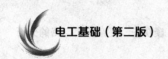

$$I_B = I_{BC} - I_{AB}$$
$$I_C = I_{CA} - I_{BC}$$

上面三式相加得

$$I_A + I_B + I_C = 0$$

或

$$\sum I = 0$$

即流入此闭合面的电流恒等于流出该闭合面的电流。

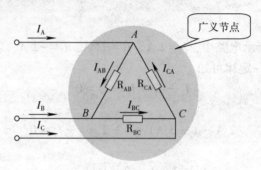

图 3-7　广义节点

三、基尔霍夫第二定律

动手做

继续前面的实验，如图 3-3 所示，用导线代替电流表，并用万用表直流电压挡测量电压 U_{AB}、U_{BD}、U_{DA}、U_{DC}、U_{CB}，计算回路 *ABDA* 和回路 *BCDB* 电压降之和。

通过上述实验可以发现，回路的电压降之和为零，这一规律也具有普遍性，这就是基尔霍夫第二定律。

基尔霍夫第二定律又称**回路电压定律**。它指出：在任一闭合回路中，各段电路电压降的代数和恒等于零。用公式表示为

$$\sum U = 0$$

在图 3-8a 中，按虚线方向循环一周，根据电压与电流的参考方向可列出

$$U_{AB} + U_{BC} + U_{CD} + U_{DA} = 0$$

即

$$-E_1 + I_1R_1 - E_2 + I_2R_2 = 0$$

或

$$E_1 + E_2 = I_1R_1 + I_2R_2$$

由此，可得到基尔霍夫第二定律的另一种表示形式：

$$\sum E = \sum IR$$

即在任一回路绕行方向上，回路中电动势的代数和恒等于电阻上电压降的代数和。

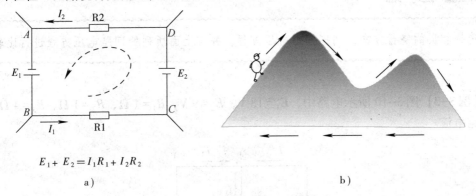

$$E_1 + E_2 = I_1R_1 + I_2R_2$$

a)   b)

图 3-8   基尔霍夫第二定律

a）电源电动势之和＝电路电压降之和   b）攀登总高度＝下降总高度

 提示

在用式 $\sum U = 0$ 时，凡电流的参考方向与回路绕行方向一致的，该电流在电阻上所产生的电压降取正，反之取负。电动势也作为电压来处理，即从电源的正极到负极电压取正，反之取负。

在用式 $\sum E = \sum IR$ 时，电阻上电压的规定与用式 $\sum U = 0$ 时相同，而电动势的正负号则恰好相反，也就是当绕行方向与电动势的方向（即由电源负极通过电源内部指向正极）一致时，该电动势取正，反之取负。

基尔霍夫第二定律也可以推广应用于不完全由实际元件构成的假想回路。例如图 3-9 所示电路中，A、B 两点并不闭合，但仍可将 A、B 两点间电压列入回路电压方程，得

$$\sum U = U_{AB} + I_2R_2 - I_1R_1 = 0$$

图 3-9   基尔霍夫第二定律的应用

选择相反的绕行方向，列出回路电压方程，并与上面所列的回路电压方程进行比较。

【例 3-3】 图 3-10 所示电路中，$E_1 = 18$ V，$E_2 = 9$ V，$R_1 = 1\ \Omega$，$R_2 = 1\ \Omega$，$R_3 = 4\ \Omega$，求各支路电流。

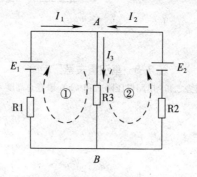

图 3-10　【例 3-3】图

解：（1）标出各支路电流参考方向和独立回路的绕行方向，应用基尔霍夫第一定律列出节点电流方程

$$I_1 + I_2 = I_3$$

（2）应用基尔霍夫第二定律列出回路电压方程

对于回路①有 $\qquad E_1 = I_1 R_1 + I_3 R_3$

对于回路②有 $\qquad E_2 = I_2 R_2 + I_3 R_3$

整理得联立方程

$$\begin{cases} I_2 = I_3 - I_1 \\ 1\ \Omega \times I_1 + 4\ \Omega \times I_3 = 18\ \text{V} \\ 1\ \Omega \times I_2 + 4\ \Omega \times I_3 = 9\ \text{V} \end{cases}$$

（3）解联立方程得

$$\begin{cases} I_1 = 6\ \text{A} \\ I_2 = -3\ \text{A （和假设方向相反）} \\ I_3 = 3\ \text{A} \end{cases}$$

这种以支路电流为未知量，依据基尔霍夫定律列出节点电流方程和回路电压方程，然后联立求解的方法称为**支路电流法**。如果电路有 m 条支路、n 个节点，即可列出（$n-1$）个独立节点电流方程和 $[m-(n-1)]$ 个独立回路电压方程。

 **提示**

　　支路电流参考方向和独立回路绕行方向可以任意假设，绕行方向一般取与电动势方向一致，对具有两个以上电动势的回路，则取较大电动势的方向为绕行方向。

 **想一想**

将图 3-10 所示电路中支路电流 I_2 的参考方向改为与原方向相反，重新列方程并求解。

知识拓展

节点电压法

　　在图 3-10 所示电路中，虽然有三条支路，但只有两个节点，求解这一类电路时，可以先求出两个节点间的电压，然后再求各支路电流，并不需要去解联立方程。

　　根据全电路欧姆定律，各支路电流分别为

$$I_1 = \frac{E_1 - U_{AB}}{R_1}, \quad I_2 = \frac{E_2 - U_{AB}}{R_2}, \quad I_3 = \frac{U_{AB}}{R_3}$$

$$\frac{E_1 - U_{AB}}{R_1} + \frac{E_2 - U_{AB}}{R_2} = \frac{U_{AB}}{R_3}$$

$$\frac{18\ \text{V} - U_{AB}}{1\ \Omega} + \frac{9\ \text{V} - U_{AB}}{1\ \Omega} = \frac{U_{AB}}{4\ \Omega}$$

可得

$$U_{AB} = 12\ \text{V}$$

由此可计算出各支路电流

$$I_1 = \frac{E_1 - U_{AB}}{R_1} = \frac{18 - 12}{1}\ \text{A} = 6\ \text{A}$$

$$I_2 = \frac{E_2 - U_{AB}}{R_2} = \frac{9 - 12}{1}\ \text{A} = -3\ \text{A}$$

$$I_3 = \frac{U_{AB}}{R_3} = \frac{12}{4}\ \text{A} = 3\ \text{A} \quad \text{或}\quad I_3 = I_1 + I_2 = 6\ \text{A} + (-3\ \text{A}) = 3\ \text{A}$$

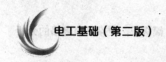

思考与练习

1. 在图 3-11 所示复杂直流电路中，支路、节点、回路和网孔数各为多少？

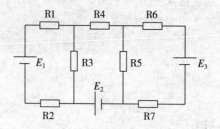

图 3-11　复杂直流电路（一）

2. 一条线路通过大地构成回路，如图 3-12 所示，流进大地的电流 I 和从大地流回电源的电流 I' 是否相等？为什么？

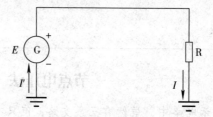

图 3-12　通过大地构成回路的线路

3. 在图 3-13 中，$E_1 = 1.5$ V，$E_2 = 3$ V，$R_1 = 75$ Ω，$R_2 = 12$ Ω，$R_3 = 100$ Ω。求 R1、R2、R3 中电流的大小和方向。

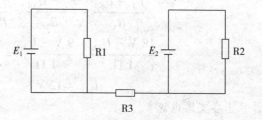

图 3-13　复杂直流电路（二）

4. 图 3-14 中，已知三极管基极电流 I_B 为 50 μA，集电极电流 I_C 为 2 mA，求发射极电流 I_E。

5. 图 3-15 所示放大电路中，已知三极管 V 的集电极 C 和发射极 E 之间的电压为 U_{CE}，集电极电源电动势为 E_C，试列出回路电压方程。

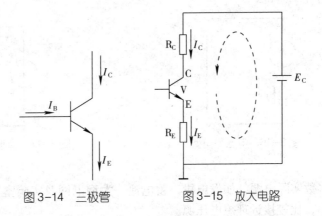

图 3-14　三极管　　　　图 3-15　放大电路

课题二　有源电路的等效变换

学习目标

1. 理解电压源和电流源的特点。
2. 能正确进行电压源和电流源之间的等效变换。
3. 理解戴维南定理（等效电压源定理），能应用戴维南定理分析计算电路。
4. 了解负载获得最大功率的条件及功率匹配的概念。

含有电源的电路称为**有源电路**。电路中的电源既可以提供电压，也可以提供电流。一个实际电源既可以用电压源表示，也可以用电流源表示。为了分析电路方便，在一定条件下，电压源和电流源可以进行等效变换。

一、电压源

把一个实际电源用一个恒定电动势和内阻串联表示，称为**电压源模型**，简称**电压源**，如图 3-16 所示。电压源接上负载后，输出电压（端电压）的大小为 $U=E-Ir$，在输出相同电流的条件下，电源内阻 r 越大，输出电压越小。若电源内阻 $r=0$，则端电压 $U=E$，而与输出电流的大小无关。通常把内阻为零的电压源称为**理想电压源**，又称**恒压源**，如图 3-17 所示。

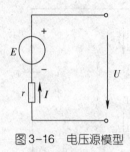

图 3-16　电压源模型

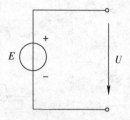

图 3-17　理想电压源（恒压源）

大多数实际电源，如发电机、蓄电池、大型电网及实验室常用的直流稳压电源等，内阻都很小，比较接近理想电压源。

在前面的学习中，在电路图中将电源内阻用一个等效电阻单独表示，仅表示电动势的电源符号"⊣⊢"所代表的实际上就是一个理想电压源。

二、电流源

在某些特殊场合，为了能够输出较稳定的电流，要求电源具有很大的内阻。

例如，将 12 V 蓄电池串联一个 12 kΩ 的电阻，如图 3-18 所示，如果负载电阻 R_L 只在 0 至几十欧之间变化，则电源输出的电流为

$$I = \frac{12 \text{ V}}{12\ 000 \text{ Ω} + R_L} \approx 1 \text{ mA}$$

由以上计算结果可知，当低电阻的负载在一定范围内变化时，具有高内阻的电源输出的电流基本恒定，电源内阻越高，输出的电流越接近于恒定。通常把内阻无穷大的电源称为**理想电流源**，又称**恒流源**，如图 3-19 所示。光电池和一些电子器件（如晶体三极管）具有恒流特性，比较接近理想电流源。

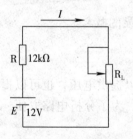

图 3-18　串联大电阻

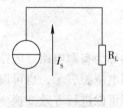

图 3-19　理想电流源（恒流源）

把一个实际电源用一个恒流源和内阻并联表示，称为**电流源模型**，简称**电流源**，如图 3-20 所示。输出电流 I_S 在内阻上的分流为 I_0，在负载电阻 R_L 上的分流为 I_L。

三、电压源与电流源的等效变换

实际电源都不会是理想的。在满足一定条件时，电压源与电流源可以相互等效变换。

在图 3-21 中，如果两种电源模型对外等效，那么它们对相同的负载电阻 R_L 应产生相同的效果，即负载电阻应得到相同的电压 U 和电流 I_L。

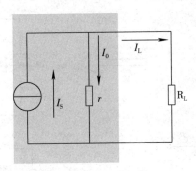

图 3-20 电流源模型

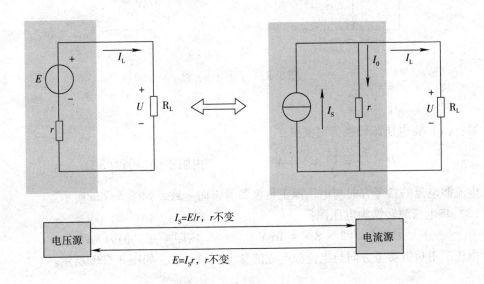

图 3-21 电压源与电流源的等效变换

在电压源模型中

$$E = I_L r + U$$

在电流源模型中

$$I_S = I_L + \frac{U}{r}$$

$$I_S r = I_L r + U$$

比较上面两式，可得

$$E = I_S r$$

$$I_S = \frac{E}{r}$$

【例 3-4】将图 3-22a 中的电压源转换为电流源，将图 3-22b 中的电流源转换为电压源。

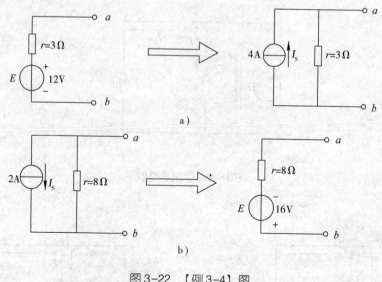

图 3-22　【例 3-4】图

解：（1）将电压源转换为电流源：

$$I_S = \frac{E}{r} = \frac{12}{3} \text{ A} = 4 \text{ A} \qquad \text{内阻不变，仍为 3 } \Omega$$

电流源电流的参考方向与电压源正负极参考方向一致，如图 3-22a 所示。

（2）将电流源转换为电压源：

$$E = I_S r = 2 \times 8 \text{ V} = 16 \text{ V} \qquad \text{内阻不变，仍为 8 } \Omega$$

电压源正负极参考方向与电流源电流的参考方向一致，如图 3-22b 所示。

 提示

　　电压源与电流源等效变换时，应注意以下几点：
　　1. 电压源正负极参考方向与电流源电流的参考方向在变换前后应保持一致。
　　2. 两种实际电源等效变换是指外部等效，对外部电路各部分的计算是等效的，但对电源内部的计算是不等效的。
　　3. 理想电压源（恒压源）与理想电流源（恒流源）不能进行等效变换。

【例 3-5】 以例 3-3 中电路为例，用电源变换的方法求 R3 支路的电流。

　　解：（1）将两个电压源分别等效变换成电流源（图 3-23b），这两个电流源的内阻仍为 R_1、R_2，两等效电流则分别为

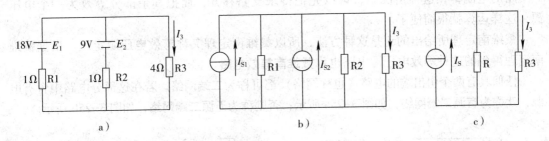

图3-23 【例3-5】图

$$I_{S1} = \frac{E_1}{R_1} = \frac{18}{1} \text{ A} = 18 \text{ A}$$

$$I_{S2} = \frac{E_2}{R_2} = \frac{9}{1} \text{ A} = 9 \text{ A}$$

（2）将两个电流源合并成一个电流源（图3-23c）。其等效电流和内阻分别为

$$I_S = I_{S1} + I_{S2} = 27 \text{ A}$$
$$R = R_1 // R_2 = 0.5 \text{ }\Omega$$

（3）最后可求得 R3 上电流为

$$I_3 = \frac{R}{R_3 + R} I_S = \frac{0.5}{4 + 0.5} \times 27 \text{ A} = 3 \text{ A}$$

四、戴维南定理

【例3-6】在上例中，利用电源变换的方法求 R3 支路电流时，是将原电路中两个电压源等效为一个电流源，当然也可以等效为一个电压源，如图3-24所示。

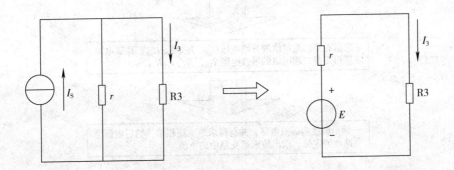

图3-24 【例3-6】图

解：电压源电动势　　　　$E = I_S r = 27 \times 0.5 \text{ V} = 13.5 \text{ V}$

内阻　　　　　　　　　　　$r = 0.5 \text{ }\Omega$

R3 支路的电流　　　　　　$I_3 = \frac{E}{R_3 + r} = \frac{13.5}{0.5 + 4} \text{ A} = 3 \text{ A}$

这又给我们一个启示：如果一个复杂电路，并不需要求所有支路的电流，而只要求某

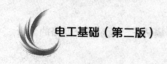

一支路的电流，在这种情况下，可以先把待求支路移开，而把其余部分等效为一个电压源，这样运算就很简便了。

戴维南定理所给出的正是这种方法，所以戴维南定理又称**等效电压源定理**。根据戴维南定理得到的这种等效电压源电路也称**戴维南等效电路**。

任何具有两个引出端的电路（也称网络）都可称为**二端网络**。若在这部分电路中含有电源，就称为**有源二端网络**，如图 3-25a 所示；否则称为**无源二端网络**，如图 3-25b 所示。

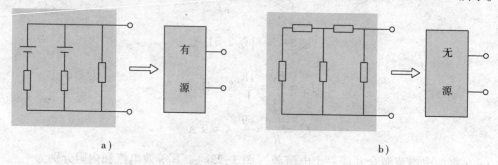

图 3-25　二端网络

a）有源二端网络　b）无源二端网络

戴维南定理指出：任何一个线性有源二端网络都可以用一个等效电压源来代替，电压源的电动势等于有源二端网络的开路电压，其内阻等于有源二端网络内所有电源不起作用时（理想电压源视为短路，理想电流源视为开路），网络两端的等效电阻（称为入端电阻）。

其中，线性是指电路全部由线性元件组成，而不含有非线性元件。

利用戴维南定理求解的步骤如下：

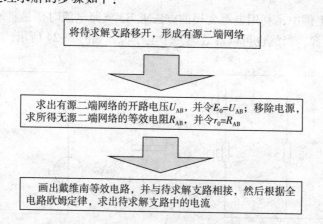

将待求解支路移开，形成有源二端网络

求出有源二端网络的开路电压 U_{AB}，并令 $E_0=U_{AB}$；移除电源，求所得无源二端网络的等效电阻 R_{AB}，并令 $r_0=R_{AB}$

画出戴维南等效电路，并与待求解支路相接，然后根据全电路欧姆定律，求出待求解支路中的电流

 提示

1. 戴维南定理只适用于线性有源二端网络，若有源二端网络内含有非线性电阻，则不能应用戴维南定理。

2. 在画戴维南等效电路时，电压源的参考方向应与选定的有源二端网络开路电压参考方向一致。

下面以电桥电路为例，用戴维南定理求解。

【例3-7】 电桥电路如图3-26a所示，已知 $R_1 = 10\ \Omega$，$R_2 = 2.5\ \Omega$，$R_3 = 5\ \Omega$，$R_4 = 20\ \Omega$，$E = 12.5\ V$（内阻不计），$R_5 = 69\ \Omega$，求电阻 R5 上通过的电流。

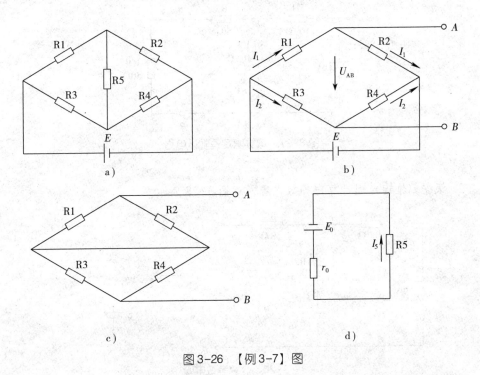

图3-26 【例3-7】图

解：（1）先移开 R5 支路，求开路电压 U_{AB}，如图3-26b所示。

$$U_{AB} = I_1 R_1 - I_2 R_3 = \frac{E}{R_1 + R_2}R_1 - \frac{E}{R_3 + R_4}R_3$$

$$= \frac{12.5}{10 + 2.5} \times 10\ V - \frac{12.5}{5 + 20} \times 5\ V = 7.5\ V$$

（2）再求等效电阻 R_{AB}（注意要将电源用短路线代替），如图3-26c所示。

$$R_{AB} = \frac{R_1 R_2}{R_1 + R_2} + \frac{R_3 R_4}{R_3 + R_4} = \frac{10 \times 2.5}{10 + 2.5}\ \Omega + \frac{5 \times 20}{5 + 20}\ \Omega = 6\ \Omega$$

（3）画出戴维南等效电路，并将 R5 接入，如图3-26d所示，则

$$I_5 = \frac{E_0}{r_0 + R_5} = \frac{7.5}{6 + 69}\ A = 0.1\ A$$

**动手做**

下面通过实验来验证戴维南定理。

1. 按图 3-27 连接电路，断开 R4，用万用表测量 A、B 两端电压 U_{AB}；接上 R4，测量流过电阻 R4 的电流 I_{AB}。记录数值。

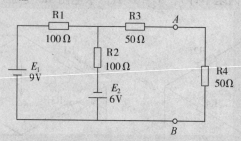

图 3-27　戴维南定理验证电路

2. 根据戴维南定理计算出等效电源，如图 3-28 所示。

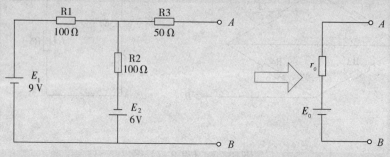

图 3-28　计算等效电源

3. 根据以上计算值选择电阻和电源，再按图 3-29 所示连接电路。断开 R4，用万用表测量 A、B 两端电压 U_{AB}；接上 R4，测量流过电阻 R4 的电流 I_{AB}。记录数值。

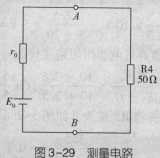

图 3-29　测量电路

4. 比较测量值和计算值，验证是否符合戴维南定理。

五、负载获得最大功率的条件

电源接上负载后，要向负载输送功率。由于电源内阻的存在，电源输出的总功率由电源内阻消耗的功率与外接负载获得的功率两部分组成。如果内阻上的功率较大，负载上获得的功率就较小。那么，在什么情况下，负载才能获得最大功率呢？

设电源电动势为 E，内阻为 r，负载为纯电阻 R，则有

$$P = I^2R = \left(\frac{E}{R+r}\right)^2 R = \frac{RE^2}{(R+r)^2}$$

利用 $(R+r)^2 = (R-r)^2 + 4Rr$，上式可写成

$$P = \frac{RE^2}{(R-r)^2 + 4Rr} = \frac{E^2}{\dfrac{(R-r)^2}{R} + 4r}$$

当 $R=r$ 时，上式分母值最小，P 值最大，所以负载获得最大功率的条件是：**负载电阻与电源的内阻相等**，即 $R=r$，这时负载获得的最大功率为

$$P_m = \frac{E^2}{4R} = \frac{E^2}{4r}$$

由于负载获得最大功率也就是电源输出最大功率，因而这一条件也是电源输出最大功率的条件。

当电动势和内阻均为恒定时，负载功率 P 随负载电阻 R 变化的关系曲线如图 3-30 所示。

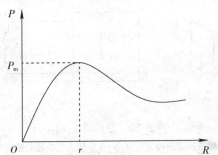

图 3-30 负载功率随负载电阻变化的关系曲线

必须指出，以上结论并不仅限于实际电源，它同样适用于有源二端网络变换而来的等效电压源。例如，在图 3-24 所示电路中，电阻 R3 获得最大功率的条件是 R3 与等效电压源的内阻相等，即

$$R_3 = r = 0.5\ \Omega$$

【例 3-8】图 3-31a 所示电路中，电源电动势 $E=6$ V，内阻 $r=10\ \Omega$，电阻 $R_1=10\ \Omega$，要使 R2 获得最大功率，R2 应为多大？这时 R2 获得的功率是多少？

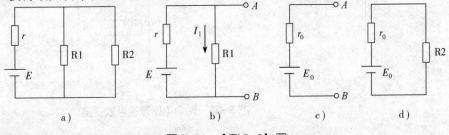

图 3-31 【例 3-8】图

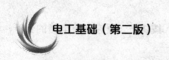

解：（1）移开 R2 支路，将左边电路看成有源二端网络，如图 3-31b 所示。

（2）将有源二端网络等效变换成电压源，如图 3-31c 所示。

$$E_0 = U_{AB} = I_1 R_1 = \frac{E}{R_1 + r} R_1 = \frac{6}{10 + 10} \times 10 \text{ V} = 3 \text{ V}$$

$$r_0 = \frac{R_1 r}{R_1 + r} = \frac{10 \times 10}{10 + 10} \Omega = 5 \Omega$$

（3）当 $R_2 = r_0 = 5 \Omega$ 时，R2 可获得最大功率（图 3-31d）。

$$P_m = \frac{E_0^2}{4 r_0} = \frac{3^2}{4 \times 5} \text{ W} = 0.45 \text{ W}$$

当负载电阻与电源内阻相等时，称为负载与电源**匹配**。这时负载上和电源内阻上消耗的功率相等，电源的效率即负载功率与电源输出总功率之比只有 50%。

在电子电路中，因为信号一般很弱，常要求从信号源获得最大功率，因而必须满足匹配条件。例如，在音响系统中，要求功率放大器与扬声器间满足匹配条件；在电视机接收系统中，要求电视机接收端子与输入信号间满足匹配条件。在负载电阻与信号源内阻不相等的情况下，为了实现匹配，往往要在负载之前接入变换器，如图 3-32 所示。

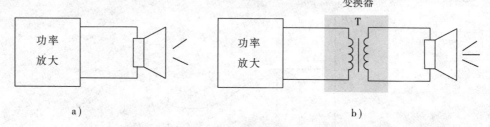

图 3-32　变换器的作用

a）未接变换器前输出功率小　b）接入变换器后输出功率大

但在电力系统中，输送功率很大，如何提高效率就显得非常重要，必须使电源内阻（包括输电线路电阻）远小于负载电阻，以减小损耗，提高效率。

思考与练习

1. 两个电压源如图 3-33 所示，画出它们的等效电压源。

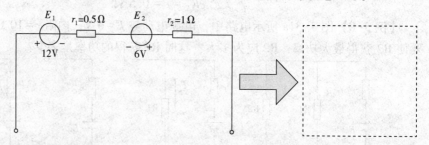

图 3-33　两个电压源的等效变换

等效电压源的电动势 $E=$ _____;

等效电压源的内阻 $r=$ _____。

2. 两个电流源如图 3-34 所示，画出它们的等效电流源。

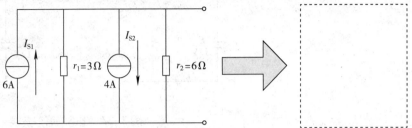

图 3-34 两个电流源的等效变换

等效电流源的恒定电流 $I_S=$ _____;

等效电流源的内阻 $r=$ _____。

3. 将图 3-35 所示电压源等效变换为电流源。

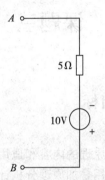

图 3-35 将电压源等效变换为电流源

4. 将图 3-36 所示电流源等效变换为电压源。

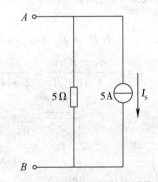

图 3-36 将电流源等效变换为电压源

5. 应用电源等效变换方法将图 3-37 所示电路变换为等效电压源。

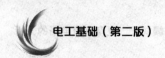

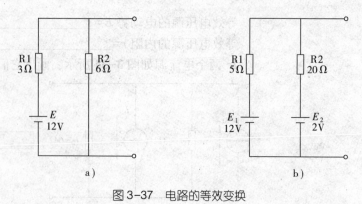

图 3-37　电路的等效变换

6. 应用戴维南定理将图 3-37 所示电路变换为等效电压源。

课题三　叠加原理

学习目标

1. 了解叠加原理的内容和适用条件。
2. 能正确应用叠加原理分析计算电路。

首先来分析一个并不复杂的电路，如图 3-38a 所示，电路中有 E_1 和 E_2 两个电源，根据基尔霍夫第二定律可得

$$I(R_1 + R_2 + R_3) = E_1 - E_2$$

$$I = \frac{E_1 - E_2}{R_1 + R_2 + R_3} = \frac{18 - 6}{2 + 4 + 6} \text{A} = 1 \text{A}$$

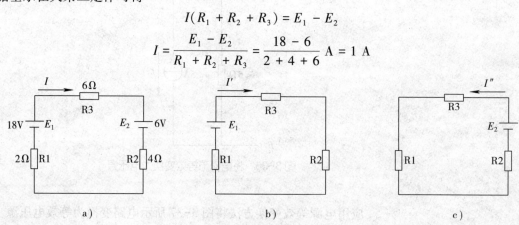

图 3-38　叠加原理

a) 实际电路　b) 设 E_1 单独作用　c) 设 E_2 单独作用

现在假设 E_1 单独作用，而将 E_2 用短路线代替，如图 3-38b 所示，则电路中电流为

$$I' = \frac{E_1}{R_1 + R_2 + R_3} = \frac{18}{2 + 4 + 6} \text{A} = 1.5 \text{ A}$$

再假设 E_2 单独作用，而将 E_1 用短路线代替，如图 3-38c 所示，则电路中电流为

$$I'' = \frac{E_2}{R_1 + R_2 + R_3} = \frac{6}{2 + 4 + 6} \text{A} = 0.5 \text{ A}$$

电路中的实际电流应为两个电源共同作用的结果，即

$$I = I' - I'' = 1.5 \text{ A} - 0.5 \text{ A} = 1 \text{ A}(方向与 I' 相同)$$

这给我们一个启示：分析含有几个独立源的复杂电路时，可将其分解为几个独立源单独作用的简单电路来研究，然后将计算结果叠加，求得原电路的实际电流、电压，这一原理称为**叠加原理**。

叠加原理中所说的独立源单独作用，是指当某一个独立源起作用时，其他独立源都不起作用。其中，独立恒压源用短路代替，独立恒流源用开路代替。

叠加原理是线性电路的一个基本定理。

应用叠加原理分析电路的步骤如下：

分别作出一个电源单独作用的分图，而去除其余电源(独立恒压源短路，独立恒流源开路)，只保留其内阻

分别计算出每个电源单独作用时，各支路电流或电压分量

计算出各支路电流或电压分量的代数和，这就是各个电源共同作用时，各支路实际的电流或电压

 **提示**

叠加原理只适用于线性电路，即电路的参数不随外加电压及通过其中的电流而变化的电路；而且叠加原理只能用来计算电流和电压，不能直接用于计算电功率。

【例3-9】 以例 3-3 所示电路为例，用叠加原理求各支路电流，并计算 R3 上消耗的电功率。

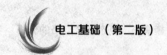

解：（1）将图 3-39a 所示电路分解为 E_1 和 E_2 分别作用的两个简单电路，并标出电流参考方向，如图 3-39b、图 3-39c 所示。

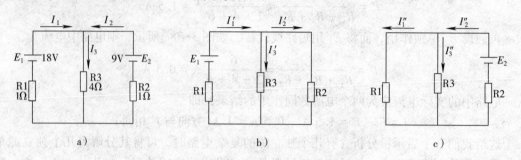

图 3-39 【例 3-9】图

a）实际电路　b）设 E_1 单独作用　c）设 E_2 单独作用

（2）分别求出各电源单独作用时各支路电流。

在图 3-39b 中，E_1 单独作用时

$$I_1' = \cfrac{E_1}{R_1 + \cfrac{R_2 R_3}{R_2 + R_3}} = \cfrac{18}{1 + \cfrac{1 \times 4}{1 + 4}} \text{A} = 10 \text{ A}$$

$$I_2' = \frac{R_3}{R_2 + R_3} I_1' = \frac{4}{1 + 4} \times 10 \text{ A} = 8 \text{ A}$$

$$I_3' = I_1' - I_2' = 10 \text{ A} - 8 \text{ A} = 2 \text{ A}$$

在图 3-39c 中，E_2 单独作用时

$$I_2'' = \cfrac{E_2}{R_2 + \cfrac{R_1 \times R_3}{R_1 + R_3}} = \cfrac{9}{1 + \cfrac{1 \times 4}{1 + 4}} \text{A} = 5 \text{ A}$$

$$I_1'' = \frac{R_3}{R_1 + R_3} I_2'' = \frac{4}{1 + 4} \times 5 \text{ A} = 4 \text{ A}$$

$$I_3'' = I_2'' - I_1'' = 5 \text{ A} - 4 \text{ A} = 1 \text{ A}$$

（3）将各支路电流叠加（即求出代数和），得

$$I_1 = I_1' - I_1'' = 10 \text{ A} - 4 \text{ A} = 6 \text{ A}（方向与 } I_1' \text{ 相同）$$

$$I_2 = I_2'' - I_2' = 5 \text{ A} - 8 \text{ A} = -3 \text{ A}（方向与 } I_2' \text{ 相同）$$

$$I_3 = I_3' + I_3'' = 2 \text{ A} + 1 \text{ A} = 3 \text{ A}（方向与 } I_3'、I_3'' \text{ 均相同）$$

R3 上消耗的电功率为　　　　$P_3 = I_3^2 R_3 = 3^2 \times 4 \text{ W} = 36 \text{ W}$

应当注意 $P_3' + P_3'' = (I_3')^2 R_3 + (I_3'')^2 R_3 = 2^2 \times 4 \text{ W} + 1^2 \times 4 \text{ W} = 20 \text{ W}$

显然　　　　　　　　　　　$P_3 \neq P_3' + P_3''$

可以看出，**电功率不满足叠加原理，计算时不能直接叠加。**

 **提示**

应用叠加原理解题时，应注意以下几点：

1. 叠加原理只适用于线性电路。

2. 计算某一独立源单独作用所产生的电流（或电压）时，应将电路中其他独立恒压源视为短路，其他独立恒流源视为开路，所有独立源的内阻都应保留不变。

3. 在进行叠加时，要注意各个分量在电路图中所标出的参考方向，若所求分量的参考方向与图中总量的参考方向一致，叠加时取正号，相反时取负号。

4. 叠加原理只能用来计算线性电路中的电流或电压，电功率不能用叠加原理计算，因为电功率与电流（或电压）之间不是线性关系。

 **动手做**

下面通过具体实验来验证叠加原理。

1. 按图 3-40 连接电路，调节直流稳压电源，使 $E_1 = 4.5$ V，$E_2 = 3$ V。

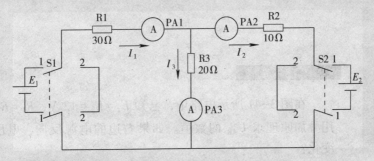

图 3-40　叠加原理验证电路

2. 将开关 S1 合到 1—1，S2 合到 2—2，让电源 E_1 单独作用，E_2 不作用。测量各支路电流 I_1、I_2、I_3，将数值记入表 3-1 中。

3. 将开关 S1 合到 2—2，S2 合到 1—1，让电源 E_2 单独作用，E_1 不作用。测量各支路电流 I_1、I_2、I_3，将数值记入表 3-1 中。

4. 将开关 S1、S2 都合到 1—1，让电源 E_1、E_2 同时作用。测量各支路电流 I_1、I_2、I_3，将数值记入表 3-1 中。

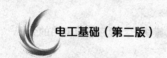
表3-1　叠加原理的验证实验

各支路电流	E_1（4.5 V）单独作用		E_2（3 V）单独作用		E_1、E_2 同时作用	
	测量值	计算值	测量值	计算值	测量值	计算值
I_1/mA						
I_2/mA						
I_3/mA						

5. 计算各支路电流，并与测量值作比较。

6. 测量完毕，将开关 S1 合到 2—2，开关 S2 合到 2—2，切断电源。

 提示

1. 在电路改接过程中，要保证电源 E_1、E_2 不变。

2. 测量过程中，要注意电流方向，如发现指针反偏，要先切断电源再改接。如遇实际电流方向与参考方向相反，则应记为负值。

思考与练习

在图 3-41 所示电路中，已知 $E_1 = E_2 = 12$ V，$R_1 = R_2 = R_3 = 24$ Ω，用叠加原理求 U_{AB} 的数值。如果右边的电源反向，电压 U_{AB} 将如何变化？

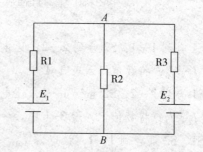

图 3-41　用叠加原理解复杂直流电路

本模块小结

1. 基尔霍夫第一定律反映了节点上各支路电流之间的关系。其表达式为

$$\sum I_\text{入} = \sum I_\text{出}$$

2. 基尔霍夫第二定律反映了回路中各元件电压之间的关系。其表达式为

$$\sum E = \sum IR$$

3. 支路电流法是以支路电流为未知量，依据基尔霍夫定律列出节点电流方程和回路电压方程，然后联立方程，求出各支路电流。如果电路有 m 条支路、n 个节点，即可列出 $(n-1)$ 个独立节点电流方程和 $[m-(n-1)]$ 个独立回路电压方程。

4. 电压源与电流源的外特性相同时，对外电路来说，这两个电源是等效的。

电压源变换为电流源：$I_\text{S} = \dfrac{E}{r}$，内阻 r 不变，但要将其改为并联。

电流源变换为电压源：$E = I_\text{s}r$，内阻 r 不变，但要将其改为串联。

5. 戴维南定理：任何一个线性有源二端网络，都可以用一个等效电压源来代替。这个等效电压源的电动势等于该有源二端网络的开路电压，它的内阻等于该有源二端网络的入端电阻。

6. 负载电阻与电源的内阻相等时，即 $R=r$ 时，负载可获得最大功率：

$$P_\text{m} = \frac{E^2}{4R} = \frac{E^2}{4r}$$

7. 叠加原理是线性电路的基本原理。其内容是：电路中任一支路的电流（或电压）等于每个电源单独作用时产生的电流（或电压）的代数和。

模块四
磁场与电磁感应

1. 能应用右手螺旋定则判断通电直导体的磁场方向。
2. 理解磁感应强度、磁通、磁导率的概念。
3. 理解磁场对电流的作用力（电磁力），能用左手定则判断电磁力的方向。
4. 了解磁场对通电线圈的作用及其应用。

从古老的指南针，到今天广为应用的磁卡、扬声器、电磁炉、电磁铁、电动机、变压器等，还有无须车轮便可飞速行驶的磁悬浮列车，磁和电一样，与我们的生产和生活紧密相连，让世界变得绚丽多彩，如图4-1所示。

一、磁场与磁感线

当两个磁极靠近时，它们之间会产生相互作用的力：**同名磁极相互排斥，异名磁极相互吸引**。

两个磁极互不接触，却存在相互作用的力，这是为什么呢？原来在磁体周围的空间中存在着一种特殊的物质——**磁场**，磁极之间的作用力就是通过磁场进行传递的。

为了形象地说明磁场的存在，下面来做一个小实验：

图 4-1 磁的应用

动手做

在玻璃板上均匀地撒一层细铁屑，然后把一块蹄形磁铁放在玻璃板下面。轻敲玻璃板，铁屑振动静止后，便有序地排列起来，如图 4-2 所示。观察铁屑的分布情况，可以看出，在磁极附近，铁屑最为密集，表明磁场最强。再在玻璃板上不同位置放一些小磁针，观察小磁针 N 极的指向，并作记录。

这些小磁针的指向表示该点的磁场方向。实际上，当把蹄形磁铁放在玻璃板下时，一粒粒铁屑也就被磁化成一个个"小磁针"了，进而便在磁场的作用下形成有序的排列。根据铁屑的分布和磁场中各点的小磁针 N 极的指向，可以画出一些曲线来描述磁场。这样的曲线称为**磁感线**，如图 4-3 所示。在这些曲线上，每一点的切线方向就是该点的磁场方向，也就是放在该点的磁针 N 极所指的方向，如图 4-4 所示。

磁感线的方向定义为：在磁体外部由 N 极指向 S 极，在磁体内部由 S 极指向 N 极。磁感线是闭合曲线。

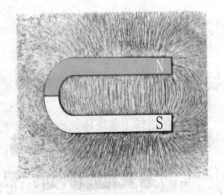

图 4-2 用铁屑模拟磁场分布

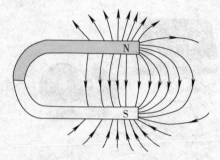

图 4-3　蹄形磁铁的磁感线

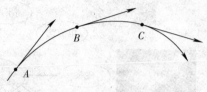

图 4-4　磁感线方向与磁场方向

　　磁场越强的地方，磁感线越密。磁场中某一平面上所通过磁感线的数量称为**磁通量**，简称**磁通**，磁通的单位是韦伯（Wb），简称韦。

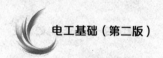

想一想

　　磁场的方向总是由 N 极指向 S 极吗？磁感线上的箭头方向一定和磁场方向相同吗？

　　在磁场的某一区域里，如果磁感线是一些方向相同、分布均匀的平行直线，这一区域称为**均匀磁场**。距离很近的两个异名磁极之间的磁场，除边缘部分外，就可以认为是均匀磁场，如图 4-5 所示。

二、电流的磁场

图 4-5　均匀磁场

动手做

　　把一个小磁针放置在通电直导体下方，并使两者平行。然后将小磁针靠近直导体，观察现象。

　　在铁钉上缠绕漆包线，通上电流后，使之靠近准备好的几根小铁钉，观察现象。

　　当靠近通电直导体时，小磁针偏转，改变直导体中的电流方向，小磁针的偏转方向也随之改变，如图 4-6 所示。这说明，通电直导体周围存在磁场，其方向与电流方向有关。

　　在铁钉上缠绕漆包线，通上电流后，铁钉就能吸住小铁钉了。绕上漆包线的铁钉实际就是一个有铁芯的螺线管，如图 4-7 所示。同样，也可以把小磁针放在通电螺线管附近不同位置，根据磁针的指向来研究它周围磁场的分布。

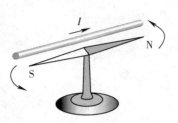

图4-6 把小磁针放在通电直导体下方，小磁针发生偏转

图4-7 接通电源，缠绕漆包线的铁钉就能吸住小铁钉了

以上实验说明，不仅磁铁能产生磁场，电流也能产生磁场。电流所产生磁场的方向可用**右手螺旋定则**（也称**安培定则**）来判断，见表4-1。

表4-1 右手螺旋定则

通电直导体	通电螺线管
用右手握住通电直导体，让伸直的拇指所指的方向和电流的方向一致，则弯曲的四指所指的方向就是磁感线的环绕方向	用右手握住通电螺线管，让弯曲的四指所指的方向和电流的方向一致，则拇指所指的方向就是通电螺线管内部磁感线的方向，也就是通电螺线管的磁场N极的方向

通电螺线管表现出来的磁性与条形磁铁相似，一端相当于N极，另一端相当于S极，改变电流方向，它的两极就对调。其外部的磁感线也是从N极出，S极入；内部的磁感线跟螺线管的轴线平行，方向由S极指向N极，并和外部的磁感线连接，形成闭合曲线。

三、磁场对电流的作用

1. 磁场对通电直导体的作用

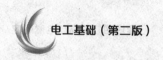 **动手做**

如图 4-8 所示，在蹄形磁铁两极所形成的均匀磁场中，悬挂一段直导体，让直导体与磁场方向保持垂直，直导体通电后，观察现象。交换磁极位置改变磁场方向，或改接电源极性改变直导体中的电流方向后，再观察现象。

可以看到，通电后直导体因受力而发生运动。当改变磁场方向或改变直导体中的电流方向后，直导体的受力方向随之改变。

通常把通电直导体在磁场中受到的力称为**电磁力**。通电直导体在磁场内所受电磁力的方向可用**左手定则**来判断。如图 4-9 所示，平伸左手，使拇指与其余四个手指垂直，并且都跟手掌在同一个平面内，让磁感线垂直穿入掌心，并使四指指向电流的方向，则拇指所指的方向就是通电直导体所受电磁力的方向。

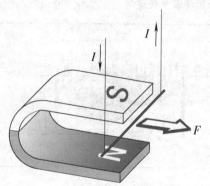

图 4-8　通电直导体在磁场中受到的电磁力

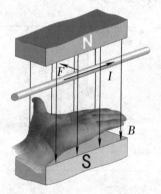

图 4-9　左手定则

应用左手定则可以判断电磁力的方向，那么，电磁力的大小又该如何计算呢？

 **动手做**

仍用图 4-8 所示实验装置，先保持直导体通电部分的长度不变，改变电流的大小；然后保持电流不变，改变直导体通电部分的长度，如图 4-10 所示。比较两次实验结果。

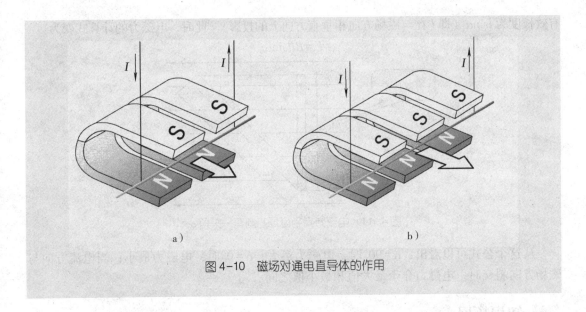

a)　　　　　　　　　　　　　b)

图 4-10　磁场对通电直导体的作用

比较两次实验结果可以发现，通电直导体在磁场中所受电磁力的大小，既与直导体长度 l 成正比，又与电流大小 I 成正比。

精确的实验还表明，在磁场中同一个地方，无论电流大小和直导体长度怎样改变，比值 $\dfrac{F}{Il}$ 是恒定不变的。在磁场中不同的地方，这个比值可能是不同的值；在不同的磁场中，这个比值也可能是不同的值。可见，这个比值是由磁场本身决定的，其大小反映了磁场的强弱。

在磁场中，垂直于磁场方向的通电直导体所受电磁力 F 与电流 I 和直导体长度 l 的乘积 Il 的比值称为该处的**磁感应强度**，用 B 表示，即

$$B = \frac{F}{Il}$$

磁感应强度的单位是特斯拉，简称特（T）。磁感应强度是个矢量，它的方向就是该点的磁场的方向。

🔖 知识拓展

磁感应强度举例

地面附近地磁场的磁感应强度为 $3\times10^{-5} \sim 7\times10^{-5}$ T；永久磁铁磁极附近的磁感应强度为 $0.001 \sim 1$ T；在电动机和变压器的铁芯中，磁感应强度可达 $0.8 \sim 1.4$ T。

利用磁感应强度的表达式 $B = \dfrac{F}{Il}$，可得电磁力的计算式为

$$F = BIl$$

如果电流方向与磁场方向不垂直，而是有一个夹角 α，如图 4-11 所示，则通电直导体的

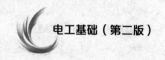
有效长度为 $l\sin\alpha$（即 l 在与磁场方向相垂直方向上的投影）。此时，电磁力的计算式变为

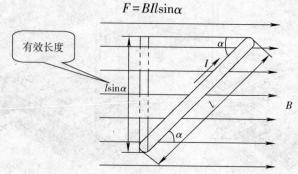

图 4-11 电流方向与磁场方向有一夹角 α

从这个公式可以看出：$\alpha = 90°$ 时，电磁力最大；$\alpha = 0°$ 时，电磁力最小；当电流方向与磁场方向斜交时，电磁力介于最大值和最小值之间。

 知识拓展

磁 通 密 度

磁通是定量描述磁场在某一范围内分布情况的物理量，用符号 Φ 表示。

设在磁感应强度为 B 的均匀磁场中，有一个与磁场方向垂直的平面，面积为 S，则把 B 与 S 的乘积定义为穿过这个面积的磁通，如图 4-12a 所示。即

$$\Phi = BS$$

式中，磁通 Φ 的单位是韦伯（Wb），简称韦；磁感应强度 B 的单位是 T；面积 S 的单位是 m^2。

如果磁场与所讨论的平面不垂直，如图 4-12b 所示，则应以这个平面在垂直于磁场方向上的投影面积 S' 与 B 的乘积来表示磁通。

由 $\Phi = BS$ 可得 $B = \dfrac{\Phi}{S}$，这表示磁感应强度等于穿过单位面积的磁通，所以磁感应强度又称**磁通密度**，并且用 Wb/m^2 作单位。

图 4-12 磁通
a）平面与磁场垂直 b）平面与磁场不垂直

2. 通电平行直导体间的作用

两条相距较近且相互平行的直导体，当通以相同方向的电流时，它们相互吸引，如图 4-13a 所示；当通以相反方向的电流时，它们相互排斥，如图 4-13b 所示。这是由于每根直导体都处在另一根直导体所产生的磁场中，因而每根直导体都受到电磁力的作用。

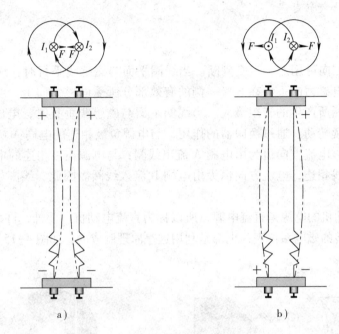

图 4-13　通电平行直导体间的相互作用

a）通入同方向电流的平行直导体相互吸引　b）通入反方向电流的平行直导体相互排斥

动手做

可以先用右手螺旋定则判断每根直导体所产生的磁场的方向，再用左手定则判断另一根直导体在这个磁场中所受电磁力的方向。试试看，你的判断正确吗？

发电厂或变电所的母线排就是这种互相平行的载流直导体，它们之间经常受到这种电磁力的作用。尤其在发生短路事故时，通过母线的电流会骤然增大几十倍，这时两排平行母线之间的作用力可以达到几千牛顿。为了使母线不致因短路时所产生的巨大电磁力作用而受到破坏，所以每间隔一定间距就安装一个绝缘支柱，以平衡电磁力。

3. 磁场对通电线圈的作用

磁场对通电矩形线圈的作用是电动机旋转的基本原理。

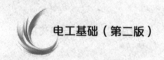
动手做

如图4-14所示，在均匀磁场中放入一个线圈，当给线圈通入电流时，它就会在电磁力的作用下旋转起来。

线圈的旋转方向可用左手定则判断。当线圈平面与磁感线平行时，线圈在 N 极一侧的有效部分所受电磁力向下，在 S 极一侧的有效部分所受电磁力向上，线圈按顺时针方向转动，这时线圈所产生的转矩最大。当线圈平面与磁感线垂直时，电磁转矩为零，但线圈仍靠惯性继续转动。通过换向器的作用，与电源负极相连的电刷 A 始终与转到 N 极一侧的导线相连，电流方向恒为由电刷 A 流出线圈；与电源正极相连的电刷 B 始终与转到 S 极一侧的导线相连，电流方向恒为由电刷 B 流入线圈。因此，线圈始终按顺时针方向连续旋转。

由于这种电动机的电源是直流电源，所以称为直流电动机。此外，许多利用永久磁铁来使通电线圈偏转的磁电系仪表，也都是利用这一原理制成的，如图4-15所示。

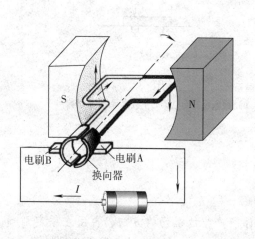

图4-14　直流电动机原理

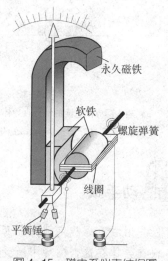

图4-15　磁电系仪表结构图

想一想

1. 当线圈平面与磁感线垂直时，电磁转矩为零，你能说出其中的原因吗？
2. 图4-16所示为磁电系仪表原理图，当测量直流电压或电流时线圈受到电磁力作用并带动指针偏转。试判断图中指针偏转方向。

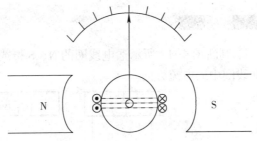

图 4-16　磁电系仪表原理图

　**应用**

磁悬浮列车

　　磁悬浮列车最基本的原理就是磁极的同性相斥和异性相吸。列车运行时与轨道完全不接触，它没有轮子和传动机构，列车的悬浮、导向、驱动和制动都是利用电磁力来实现的。车身和路面都安装有电磁铁，其中，车身磁场和路面磁场产生浮力，使列车稳定悬浮，如图 4-17b 所示；车身磁场和推进磁场产生直线作用力，使列车前进，如图 4-17c 所示。

a）

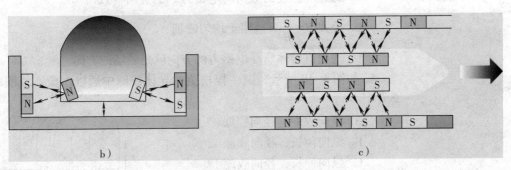

b）　　　　　　　　　　　　　　　　　c）

图 4-17　磁悬浮列车
a）实物　b）磁悬浮原理　c）磁推进原理

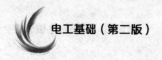

思考与练习

1. 判断图 4-18 所示通电线圈的 N、S 极或根据已标明的磁极极性判断线圈中的电流方向。

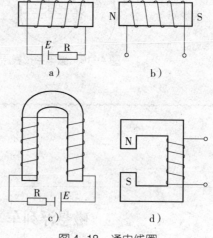

图 4-18　通电线圈

2. 下列说法中，正确的是（　　　）。

　A. 磁感线密处磁感应强度大

　B. 通电直导体在磁场中受力为零，磁感应强度一定为零

　C. 一段通电直导体在磁场中某处受到的电磁力大，表明该处的磁感应强度大

　D. 通电螺线管内部比管口磁感应强度大

3. 下列关于磁感应强度定义式 $B=\dfrac{F}{Il}$ 的说法，正确的是（　　　）。

　A. 磁感应强度与通电直导体受到的电磁力 F 成正比，与电流强度和直导体长度的乘积成反比

　B. 磁感应强度的方向与电磁力 F 的方向一致

　C. 公式 $B=\dfrac{F}{Il}$ 只适用于均匀磁场

　D. 通电直导体所受电磁力的方向就是磁场的方向

4. 如图 4-19 所示，向一根松弛的导体线圈中通以电流，线圈将会（　　　）。

　A. 纵向收缩，径向膨胀

　B. 纵向伸长，径向膨胀

　C. 纵向伸长，径向收缩

　D. 纵向收缩，径向收缩

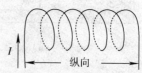

图 4-19　导体线圈

课题二　电磁感应

学习目标

1. 理解感应电动势的概念，能用右手定则判断感应电动势的方向。
2. 掌握楞次定律及其应用，理解法拉第电磁感应定律。

图 4-20 所示现象都与电磁感应有着密切的联系。

为什么发电机能发出电来？

为什么收音机能接收到无线电信号？

磁性天线

一台大型发电机的转子

收音机

为什么变压器的两个绕组相互绝缘，其中一个绕组通入交流电压，另一个绕组也能产生交流电压？

变压器

图 4-20　电磁感应现象

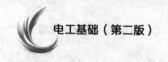

一、电磁感应现象

电流能产生磁场，那么磁场也能产生电流吗？下面通过一个实验来回答这一问题。

动手做

如图 4-21 所示，空心线圈的两端与检流计连接成闭合回路。将一条形磁铁放置在线圈中，当条形磁铁静止时，观察检流计指针是否偏转。快速地将条形磁铁插入、拔出线圈，观察检流计指针是否偏转。更快速地插入和拔出条形磁铁，观察现象有何不同。

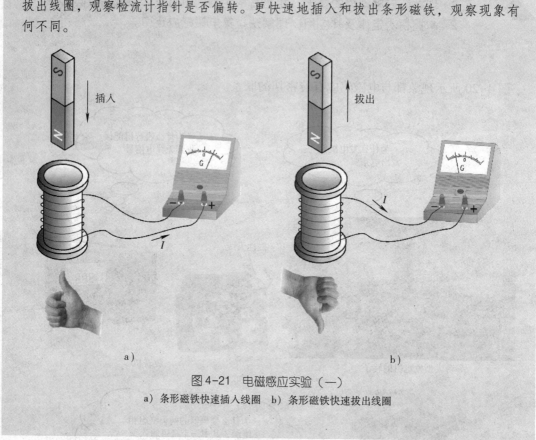

图 4-21　电磁感应实验（一）

a）条形磁铁快速插入线圈　b）条形磁铁快速拔出线圈

当条形磁铁静止时，检流计的指针不偏转，表明线圈中无电流。当条形磁铁快速地插入或拔出线圈时，检流计指针偏转，表明线圈中有电流流过。

当条形磁铁以更快的速度插入或拔出线圈时，指针的偏转角度变大，表明线圈中的电流增大。

这种利用磁场产生电流的现象称为**电磁感应**现象，产生的电流称为**感应电流**，产生感应电流的电动势称为**感应电动势**。

动手做

如图 4-22 所示，将 B 线圈放置在 A 线圈中，A 线圈处接检流计，B 线圈处接滑动变阻器、开关和电源。接通、断开开关 S 瞬间，观察检流计指针的变化。闭合 S 后，迅速移动滑动变阻器的滑片，观察检流计指针的变化。

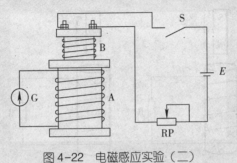

图 4-22 电磁感应实验（二）

在开关 S 接通或断开瞬间，检流计指针都会发生偏转，表明 A 线圈中有感应电流。如果在开关 S 闭合后，迅速移动滑动变阻器的滑片，指针也偏转，A 线圈中也有感应电流。

在第一个实验中，磁铁插入线圈时，线圈中的磁通增加；磁铁从线圈中拔出时，线圈中的磁通减小。这两种情况下线圈中都有感应电流。

在第二个实验中，B 线圈中电流迅速变化，引起 A 线圈中磁通也迅速变化，于是 A 线圈中也有感应电流。

从上面两个实验可以看出，感应电流的产生与磁通的变化有关。当穿过闭合电路的磁通发生变化时，闭合电路中就有感应电流。

二、楞次定律

在第一个实验中，当条形磁铁插入或拔出时，检流计指针的偏转方向是相反的，如果改变磁铁极性，检流计指针偏转方向也会随之改变。在第二个实验中，开关 S 接通或断开瞬间，检流计指针的偏转方向也是相反的，那么，感应电流的方向与哪些因素有关呢？楞次定律指出了磁通的变化与感应电动势在方向上的关系，即**感应电流的磁场总要阻碍引起感应电流的磁通的变化**。

例如在图 4-21a 中，当把磁铁插入线圈时，线圈中的磁通将增加。根据楞次定律，感应电流产生的磁场应阻碍磁通的增加，则线圈感应电流磁场的方向应为上 N 下 S，再用右手螺旋定则可判断出感应电流的方向是由右端流进检流计。如果将磁铁放置在线圈中静止不动，由于线圈中的磁通不发生变化，所以感应电流为零。

提示

如果把线圈看成是一个电源，则感应电流流出端为电源的正极，如图 4-21a 所示线圈的下端。

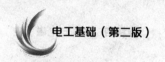

 **想一想**

如图 4-23 所示，将一条形磁铁插入或拔出线圈，试标出电阻 R 上的电流方向，并以实验验证结果是否正确。

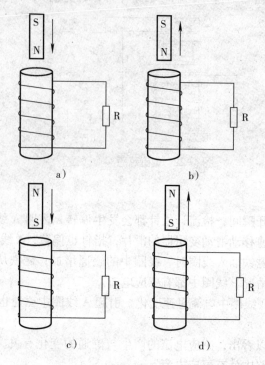

图 4-23　判断电阻上的电流方向

三、法拉第电磁感应定律

在上述实验中，磁铁插入或拔出的速度越快，指针偏转角度越大，反之越小。而磁铁插入或拔出的速度，反映的是线圈中磁通变化的速度。即**线圈中感应电动势的大小与线圈中磁通的变化率成正比**，这就是法拉第电磁感应定律。

用 $\Delta\Phi$ 表示时间间隔 Δt 内一个单匝线圈中的磁通变化量，则一个单匝线圈产生的感应电动势的大小为

$$e = \frac{\Delta\Phi}{\Delta t}$$

如果线圈有 N 匝，则感应电动势的大小为

$$e = N\frac{\Delta\Phi}{\Delta t}$$

提示

　　需要注意的是，这里计算的仅是感应电动势的大小，其方向还需要根据楞次定律进行判定。在电路计算中，应根据实际方向与参考方向的关系确定其正负。

四、直导体切割磁感线产生感应电动势

动手做

　　如图 4-24 所示，在均匀磁场中放置一段直导体，其两端分别与检流计相接，形成一个回路。使直导体做切割磁感线运动，观察检流计指针偏转情况。

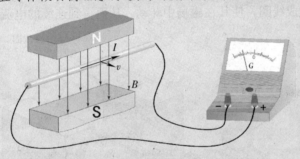

图 4-24　直导体切割磁感线产生感应电动势

　　感应电动势的方向可用右手定则判断。如图 4-25 所示，平伸右手，拇指与其余四指垂直，让磁感线穿入掌心，拇指指向导体运动方向，则其余四指所指的方向就是感应电动势的方向。

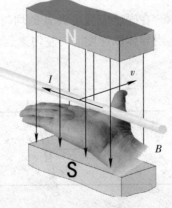

图 4-25　右手定则

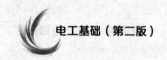
当导体、导体运动方向和磁感线方向三者互相垂直时，导体中的感应电动势为

$$e = Blv$$

如果导体运动方向与磁感线方向有一夹角 α，如图 4-26 所示，则导体中的感应电动势为

$$e = Blv\sin\alpha$$

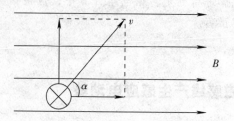

图 4-26　导体运动方向与磁感线方向有一个夹角 α

由上式可知，当导体的运动方向与磁感线垂直时（$\alpha = 90°$），导体中感应电动势最大；当导体的运动方向与磁感线平行时（$\alpha = 0°$），导体中感应电动势为零。

发电机就是应用导线切割磁感线产生感应电动势的原理发电的，如图 4-27 所示。实际应用中，将导线做成线圈，使其在磁场中转动，从而得到连续的电流。

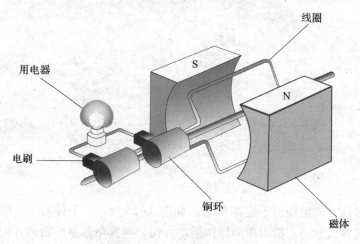

图 4-27　发电机原理图

【例 4-1】 如图 4-28 所示，在磁感应强度为 B 的均匀磁场中，有一长度为 l 的直导体 AC，可沿平行导电轨道滑动。当导体以速度 v 向左匀速运动时，确定导体中感应电动势的方向和大小。

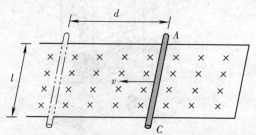

图 4-28　【例 4-1】图

解：（1）导体向左运动时，导电回路中磁通将增加，根据楞次定律判断，导体中感应电动势的方向是 C 端为正，A 端为负。用右手定则判断，结果相同。

（2）设导体在 Δt 时间内左移距离为 d，则导电回路中磁通的变化量为

$$\Delta\Phi = B\Delta S = Bld = Blv\Delta t$$

所以感应电动势

$$e = \frac{\Delta\Phi}{\Delta t} = \frac{Blv\Delta t}{\Delta t} = Blv$$

由此例可以看出，直导体是线圈不到一匝的特殊情况，右手定则是楞次定律的特殊形式，$e=Blv$（及 $e=Blv\sin\alpha$）也是法拉第电磁感应定律的特殊形式。一般来说，如果导体和磁感线之间有相对运动，用右手定则判断感应电流方向较为方便；如果导体与磁感线之间无相对运动，只是穿过闭合回路的磁通发生了变化，则用楞次定律来判断感应电流的方向。

知识拓展

霍尔元件

如图 4-29a 所示，磁感应强度为 B 的磁场垂直作用于一块矩形半导体薄片，若在 a、b 方向通入电流 I，则在与电流和磁场垂直的方向上便会产生电压 U_H，这种现象称为霍尔效应。若改变 I 或 B，或两者同时改变，均会引起 U_H 的变化，利用这一原理可以将其制成各种传感器。

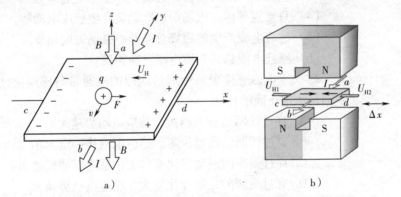

图 4-29 霍尔元件的应用
a) 霍尔效应 b) 利用霍尔元件制成的位置传感器的原理图

图 4-29b 所示为利用霍尔元件制成的位置传感器的原理图。霍尔元件置于两个相反方向的磁场中，当在 a、b 两端通入控制电流时，霍尔元件左右两半产生的电压 U_{H1} 和 U_{H2} 方向相反，设在初始位置时 $U_{H1}=U_{H2}$，输出电压为零。当霍尔元件相对于磁极做 x 方向移动时，$\Delta U_H = U_{H1} - U_{H2}$，$\Delta U_H$ 的数值正比于位移量 Δx，正负方向取决于 Δx 的方向。所以，这一传感器不仅能测量位移的大小，还能鉴别位移的方向。

图 4-30 所示为冲床磁感应电子计数器示意图。在冲头往复运动的过程中，安装于冲头上方的强磁磁铁接近或离开霍尔传感器时，会使霍尔元件受到感应，产生信号，并输入计数器进行计数。

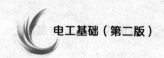
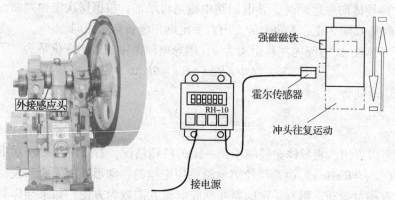

强磁磁铁

霍尔传感器

冲头往复运动

外接感应头

RH-10

接电源

图4-30　冲床磁感应电子计数器示意图

思考与练习

1. 以下说法对吗？为什么？

（1）导体中有感应电动势就一定有感应电流。

（2）导体中有感应电流就一定有感应电动势。

（3）只要线圈中有磁通穿过就会产生感应电动势。

（4）只要直导体在磁场中运动就会产生感应电动势。

（5）感应电流产生的磁场总是与原磁场方向相反。

（6）感应电流总是与原电流方向相反。

2. 关于电磁感应现象中通过线圈的磁通量与感应电动势的关系，下列说法中正确的是（　　）。

　　A. 穿过线圈的磁通越大，感应电动势越大

　　B. 穿过线圈的磁通为零，感应电动势一定为零

　　C. 穿过线圈的磁通变化率越大，感应电动势越大

　　D. 穿过线圈的磁通变化越大，感应电动势越大

3. 一个导体线圈在均匀磁场中运动，如图4-31所示，能够产生感应电流的是（　　）。

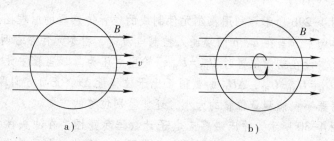

B

v

B

a)

b)

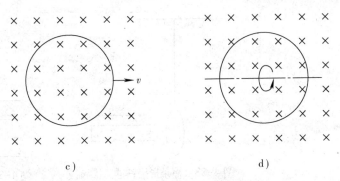

c)   d)

图 4-31 导体线圈在均匀磁场中运动

   A. 线圈沿磁场方向平移，如图 4-31a 所示

   B. 线圈以自身的直径为轴转动，轴与磁场方向平行，如图 4-31b 所示

   C. 线圈沿垂直磁场方向平移，如图 4-31c 所示

   D. 线圈以自身的直径为轴转动，轴与磁场方向垂直，如图 4-31d 所示

4. 如图 4-32 所示，一根条形磁铁自左向右穿过一个闭合线圈，则流过检流计的感应电流方向是（   ）。

   A. 始终由 a 流向 b

   B. 始终由 b 流向 a

   C. 先由 a 流向 b，再由 b 流向 a

   D. 先由 b 流向 a，再由 a 流向 b

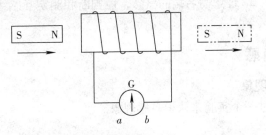

图 4-32 条形磁铁自左向右穿过闭合线圈

5. 如图 4-33 所示，用线绳吊起一个铜圆圈。现将条形磁铁插入铜圆圈，铜圆圈怎样运动？

6. 均匀磁场的磁感应强度为 0.8 T，直导体在磁场中的有效长度为 20 cm，导体以 10 m/s 的速度做匀速直线运动，运动方向与磁场方向夹角为 α，如图 4-34 所示。求 α 分别为 0°、30°、90°时直导体上感应电动势的大小和方向。

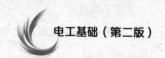
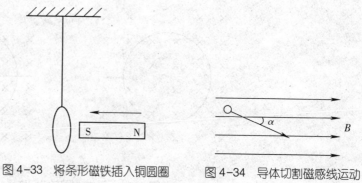

图 4-33 将条形磁铁插入铜圆圈　　　图 4-34 导体切割磁感线运动

课题三　自感和互感

学习目标

1. 了解自感现象、互感现象及其应用。
2. 理解自感系数和互感系数的概念。
3. 理解同名端的概念，能判断和测定互感线圈的同名端。

一、自感

1. 自感现象

首先通过一个实验来认识自感现象。

动手做

自感实验电路如图 4-35 所示。图中发光二极管只有在外加正向电压（即 $U_P > U_N$）时，才有可能发光。

合上开关 S，观察两只发光二极管的发光情况。再断开开关 S，观察两只发光二极管的发光情况。

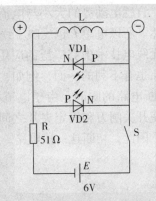

图 4-35 自感实验电路

合上开关 S，VD1 亮，VD2 不亮。断开开关 S，VD1 熄灭，VD2 闪亮。这是由于断开开关后，通过线圈 L 的电流突然减小，穿过线圈 L 的磁通也很快减少，线圈中必然要产生一个很强的感应电动势（方向如图 4-35 中 $\oplus$、$\ominus$ 所示），以阻碍电流的减小。虽然这时电源已被切断，但线圈 L 组成了回路，在这个回路中有较大的感应电流通过，所以 VD2 会突然闪亮。

这种由于流过线圈本身的电流发生变化而引起的电磁感应现象称为**自感现象**，简称**自感**。在自感现象中产生的感应电动势称为**自感电动势**，用 e_L 表示，自感电流用 i_L 表示。自感电动势的方向可结合楞次定律和右手螺旋定则来确定。

2. 自感系数

当线圈中通入电流后，这一电流使每匝线圈所产生的磁通称为**自感磁通**。同一电流通入结构不同的线圈时，所产生的自感磁通是不相同的。为了衡量不同线圈产生自感磁通的能力，引入**自感系数**（也称**电感**）这一物理量，用 L 表示，它在数值上等于一个线圈中通过单位电流所产生的自感磁通。即

$$L = N\frac{\Phi}{I}$$

式中，N 为线圈的匝数；Φ 为每一匝线圈的自感磁通；L 的单位是亨利，用 H 表示，常用较小的单位有毫亨（mH）和微亨（μH）。

一般高频电感器的电感较小，为 $0.1 \sim 100$ μH；低频电感器的电感为 $1 \sim 30$ mH。

线圈的电感是由线圈本身的特性决定的。线圈越长，单位长度上的匝数越多，截面积越大，电感就越大。**有铁芯的线圈，其电感要比空心线圈的电感大得多。**

空心线圈的结构一定时，可近似地看成**线性电感**；而有铁芯的线圈，其电感不是一个常数，这种电感称为**非线性电感**。

3. 自感电动势

自感现象是电磁感应现象的一种特殊情况，它也遵从法拉第电磁感应定律。将 $N\Delta\Phi = L\Delta I$ 代入 $e = N\dfrac{\Delta\Phi}{\Delta t}$，可得自感电动势大小的计算式为

$$e_L = L\frac{\Delta I}{\Delta t}$$

上式表明，自感系数不变时，自感电动势的大小与电流的变化率成正比，电流变化率越大，自感电动势越大，反之亦然。所以电感 L 也反映了线圈产生自感电动势的能力。

自感现象在各种电气设备和无线电技术中有广泛的应用，例如，荧光灯镇流器就是利用线圈自感现象工作的。自感现象也有不利的一面，例如，在自感系数很大的电路（如大型电动机的定子绕组）中，在切断电路的瞬间，由于电流在很短的时间内发生很大的变化，会产生很高的自感电动势，使开关闸刀和固定夹片之间的空气电离从而产生电弧。这会烧坏开关，甚至危及人身安全。因此，切断这一段电路，必须采用特制的安全开关。

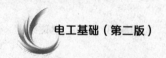 知识拓展

电感线圈的储能特性

在电感线圈与灯泡并联的电路中，切断电源的瞬间，灯泡并不立即熄灭，而是骤然一亮，然后才慢慢熄灭。这是由于在断电瞬间，电感线圈把它所储存的能量释放出来，转换成灯泡的热能和光能的缘故。可见电感线圈是电路中的储能元件。

在图 4-36 所示 RL 串联电路中，开关 SA 刚刚闭合时，电流不可能一下子由零变到稳定值，而是逐渐地增大；而当切断电源时，电流也不是立即消失，而是逐渐减小直至消失。这说明在具有电感的电路中，电流不能发生突变，存在着过渡过程。

RL 串联电路过渡过程的快慢与 L 和 R 的大小有关，L 与 R 的比值称为 RL 串联电路的时间常数 τ，即

$$\tau = \frac{L}{R}$$

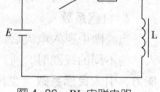

图 4-36　RL 串联电路

τ 越小，表明过渡过程越快。

 应用

涡　流

在有铁芯的线圈中通入交流电时，就有交变的磁场穿过铁芯，这时会在铁芯内部产生自感电动势并形成电流，由于这种电流形如旋涡，故称涡流。

在工业生产中可以利用涡流产生高温使金属熔化，这种无接触加热的冶炼方法不仅效率高、速度快，而且可以避免金属在高温下氧化，利用涡流加热的电路称为高频感应炉，如图 4-37a 所示，它的主要结构是一个与大功率高频交流电源相接的线圈，被加热的金属就放在线圈中间的坩埚内，当线圈中通以强大的高频电流时，它产生的交变磁场能使坩埚内的金属中产生强大的涡流，发出大量的热，使金属熔化。

家用电磁炉也是利用涡流加热原理工作的，如图 4-37b 所示，当加热线圈中通入频率很高的交变电流时，就会产生交变磁场，磁感线穿过金属材料制成的锅底产生感应电流（涡流），于是锅就被加热了。

涡流的热效应在某些场合也有有害的一面，要注意防止。例如，电源变压器的铁芯总是由多层组成，并用绝缘材料将各层隔开，以减小涡流损耗，如图 4-38 所示。

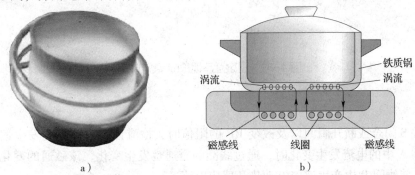

图 4-37　涡流的利用

a）高频感应炉　b）家用电磁炉原理图

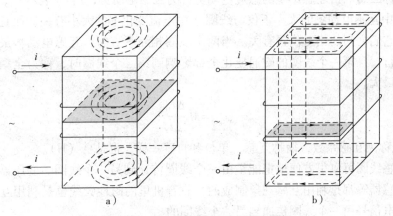

图 4-38　采用多层铁芯减小涡流损耗

a）单层铁芯涡流损耗大　b）多层铁芯涡流损耗小

二、互感

1. 互感现象和互感电动势

动手做

图 4-39 所示为观察互感现象的实验电路。闭合开关、断开开关、开关闭合后改变 RP 的阻值，分别观察此三种情况下检流计的指针偏转情况。

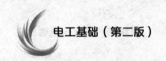

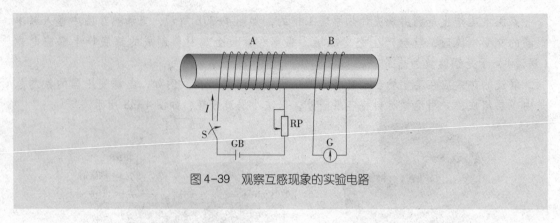

图 4-39　观察互感现象的实验电路

在开关 S 闭合或断开瞬间以及改变 RP 的阻值时，检流计的指针都会发生偏转。这是因为当线圈 A 中的电流发生变化时，通过线圈的磁通也发生变化，该磁通的变化必然又影响线圈 B，使线圈 B 中产生感应电动势和感应电流。

通常把这种由一个线圈中的电流发生变化而在另一线圈中产生电磁感应的现象称为**互感现象**，简称**互感**。由互感产生的感应电动势称为**互感电动势**，用 e_M 表示。

线圈 B 中互感电动势的大小不仅与线圈 A 中电流变化率的大小有关，而且与两个线圈的结构以及它们之间的相对位置有关。当两个线圈相互垂直时，互感电动势最小。当两个线圈互相平行，且第一个线圈的磁通变化全部影响到第二个线圈时，称为**全耦合**，此时的互感电动势最大。

$$e_{M2} = M \frac{\Delta I_1}{\Delta t}$$

式中 M 称为互感系数，简称互感，单位和自感一样，也是亨（H）。

利用互感线圈可以很方便地把能量由一个线圈传递到另一个线圈。变压器、电压互感器、电流互感器等都是利用互感现象制成的；收音机里的磁性天线也是利用互感现象把接收到的无线电信号由一个线圈传递到另一个线圈的。

2. 互感线圈的同名端

当两个或两个以上线圈彼此耦合时，常常需要知道互感电动势的极性。虽然可用楞次定律来判断，但比较复杂。尤其是对于已经制造好的互感器，从外观上无法知道线圈的绕向，判断互感电动势的极性就更加困难。

利用线圈同名端，可以很容易地判断互感电动势的极性，了解线圈的绕向。通常把由于线圈绕向一致而产生感应电动势的极性始终保持一致的端子称为线圈的同名端，用"·"或"＊"表示。

在图 4-40 中，1、4、5 就是一组同名端。下面分析在开关 S 闭合瞬间各线圈感应电动势的极性。

开关 S 闭合瞬间，线圈 A 有电流从 1 端流进，根据楞次定律，在线圈 A 两端产生自感电动势，极性为左正右负。利用同名端可确定线圈 B 的 4 端和线圈 C 的 5 端皆为自感电动势的正端。

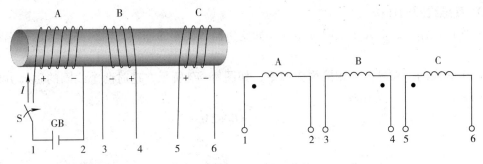

图 4-40 互感线圈的同名端

 动手做

判断互感线圈的同名端

1. 直流法

取小型电源变压器一只，按图 4-41 所示接线，将线圈 A（一次绕组）与电阻 R 及开关 S 串联，接直流电源。线圈 B（二次绕组）接检流计。将开关 S 合上（时间不要太长）和断开，观察检流计指针偏转方向，判断线圈同名端。

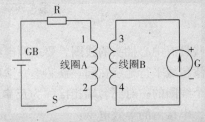

图 4-41 用直流法判断互感线圈同名端

2. 交流法

交流法是指在变压器一次侧通入交流电，通过比较电压数值进行判断。交流法判断同名端是依据绕组电动势串联原理实现的。图 4-42 中，u_1 为交流 12 V 电源电压，u_2 为变压器二次侧开路电压，u 为一次绕组与二次绕组间的电压。若两个绕组顺串（即异名端相连），则串联后所测总电压为两个绕组电压之和，如图 4-42a 所示；若两个绕组反串（即同名端相连），则串联后所测总电压为两个绕组电压之差，如图 4-42b 所示。据此即可判断同名端。

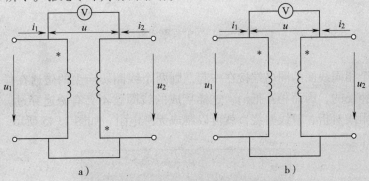

图 4-42 用交流法判断互感线圈同名端

a）电压表读数为 u_1 与 u_2 之和 b）电压表读数为 u_1 与 u_2 之差

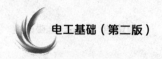

3. 互感线圈的连接

在实际应用中，对几个线圈做连接（如变压器各线圈的连接）时，必须考虑同名端的问题。

两个线圈的一对异名端相接称为**顺串**，如图 4-43 所示，这时两个线圈的磁通方向是相同的，串接后的等效电感：

$$L_{顺} = L_1 + L_2 + 2M$$

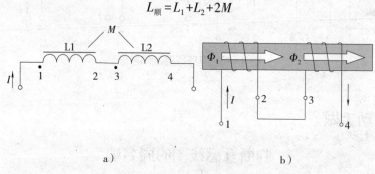

a)   b)

图 4-43   两个互感线圈顺串

有些具有中心抽头的线圈，要求两组线圈完全相同。为了满足这一要求，可以用两根相同的漆包线平行地绕在同一铁芯上，然后再把两个线圈的异名端接在一起作为中心抽头。

两个线圈的一对同名端相接称为**反串**，如图 4-44 所示，这时两个线圈的磁通方向是相反的，串接后的等效电感：

$$L_{反} = L_1 + L_2 - 2M$$

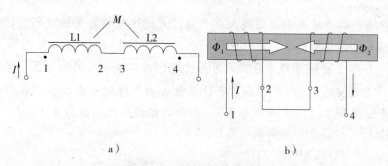

a)   b)

图 4-44   两个互感线圈反串

如果将两个相同线圈的同名端接在一起，则两个线圈所产生的磁通在任何时候都是大小相等而方向相反的，因而相互抵消。这样接成的线圈就不会有磁通穿过。所以，在绕制电阻时，将电阻线对折，双线并绕，就可以制成无感电阻，如图 4-45 所示。

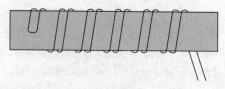

图 4-45   无感电阻的绕制方法

应用

汽车点火线圈

汽车点火线圈如图 4-46 所示。

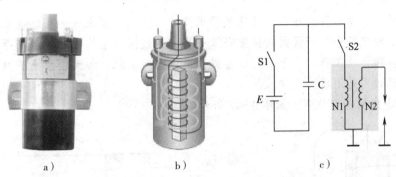

图 4-46 汽车点火线圈

a) 外形 b) 结构 c) 原理图

汽车点火线圈里面有初级线圈和次级线圈两组线圈。初级线圈一端经开关装置（断电器）与车上低压直流电源正极连接，另一端与次级线圈一端连接后接地，次级线圈的另一端与高压线输出端连接输出高压电。

当初级线圈接通电源时，随着电流的增长周围产生一个很强的磁场，当开关装置使初级线圈电路断开时，初级线圈的磁通迅速减小，从而使次级线圈感应出很高的电压，将火花塞点火间隙间的燃油混合气击穿形成火花，点燃混合气做功。初级线圈中磁场消失速度越快，电流断开瞬间的电流越大，两个线圈的匝数比越大，则次级线圈感应出来的电压越高。

旋转变压器

数控机床用于检测工作台位移的旋转变压器，也是利用了互感原理，见表 4-2。转子绕组输出电压 u_2 随转子偏转角 θ 的变化而变化，通过测量转子的偏转角 θ，从而测出工作台的直线位移。

表 4-2 旋转变压器的工作原理

图示		

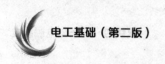
| 说明 | 转子绕组与定子绕组互相垂直，偏转角 $\theta = 0$，输出电压 $u_2 = 0$ | 转子绕组自垂直位置偏转 θ 角（$0° < \theta < 90°$），$0 < u_2 < U_{2m}$ | 转子绕组与定子绕组互相平行，偏转角 $\theta = 90°$，$u_2 = U_{2m}$ |

如何避免互感

多种电动机、变压器都是利用互感原理工作的。但对电路来说，互感也有其不利的一面。例如在有些电路中，若线圈的位置安放不当，各线圈产生的磁场就会相互干扰，严重时会使整个电路无法工作。由于受到设备或仪器体积的限制，加大线圈间距离的办法又往往行不通。这时可采用以下办法。

1. 将两个线圈垂直放置，如图 4-47 所示。

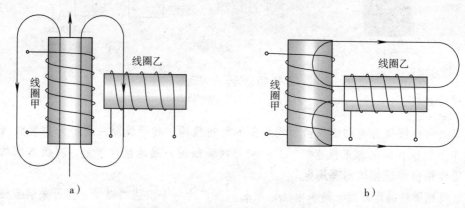

图 4-47　垂直放置的线圈可以减小互感

a）线圈甲产生的磁通不能进入线圈乙　b）线圈乙产生的磁通在线圈甲中自行抵消

2. 安装磁屏蔽罩，如图 4-48 所示。屏蔽罩由铁磁材料制成，由于铁磁材料的磁导率比空气的磁导率大得多，所以外磁场的磁通沿铁壁通过，进入空腔的磁通很少，从而起到了磁屏蔽的作用。

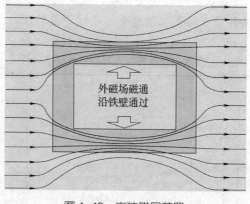

外磁场磁通
沿铁壁通过

图 4-48　安装磁屏蔽罩

思考与练习

1. 图 4-49 所示为半导体收音机磁性线圈 L1、L2 及再生线圈 L3。试根据图示线圈的绕法标出它们的同名端。

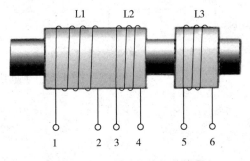

图 4-49　半导体收音机的线圈

2. 标出图 4-50 所示变压器线圈的同名端。

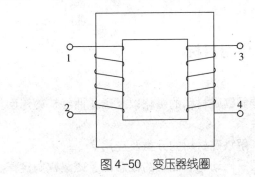

图 4-50　变压器线圈

3. 如图 4-51 所示，绕在同一铁芯上的一对互感线圈，不知其同名端，现按图连接电路并测试，当开关突然接通时，发现电压表反向偏转。试确定两线圈的同名端。

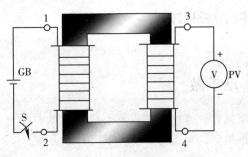

图 4-51　确定线圈的同名端

4. 判断图 4-52 所示两个互感线圈的连接方法，其中（　　）是顺串，（　　）是反串。

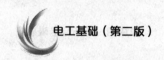

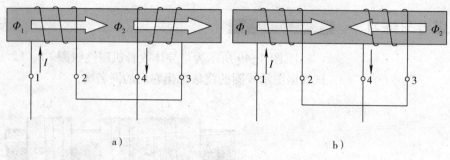

图 4-52　判断线圈的连接方法

课题四　铁磁材料与磁路

学习目标

1. 理解铁磁材料的磁化以及磁化曲线、磁滞回线与铁磁材料性能的关系。
2. 了解铁磁材料的分类及应用。
3. 理解磁动势和磁阻的概念以及磁路欧姆定律。
4. 熟悉电磁铁的组成及应用。

一、铁磁物质的磁化

1. 磁导率与铁磁材料

　　用一个插有铁棒的通电线圈去吸引小铁钉，然后把通电线圈中的铁棒换成铜棒再去吸引小铁钉，观察两种情况下吸力的大小。

　　可以看到，在两种情况下吸力大小不同，前者比后者大得多。这表明不同的磁介质对磁场的影响不同。影响的程度与磁介质的导磁性能有关，**磁导率**就是一个用来表示磁介质导磁性能的物理量，用 μ 表示，其单位为 H/m（亨/米）。真空的磁导率 μ_0 为一常数，为了比较磁介质对磁场的影响，把任一物质的磁导率与真空的磁导率的比值称为**相对磁导**

率，用 μ_r 表示，即

$$\mu_r = \frac{\mu}{\mu_0}$$

铁、钴、镍、硅钢、坡莫合金、铁氧体等的相对磁导率 μ_r 远大于 1，可达几百甚至数万以上，统称为**铁磁材料**；空气、铝、铬等的 μ_r 稍大于 1，氢、铜等的 μ_r 稍小于 1，统称为**非铁磁材料**。

2. 铁磁材料的磁化

 **动手做**

　　取一块小铁片，它不能吸引铁屑。把小铁片靠近磁铁一段时间后，再靠近铁屑，观察现象。用小铜片重复上述实验，观察现象。

　　实验表明，小铁片靠近磁铁一段时间后就有了磁性，但小铜片就没有这样的效果。使原来没有磁性的物质具有磁性的过程称为**磁化**。只有铁磁材料才能被磁化，而非铁磁材料是不能被磁化的。这是因为铁磁材料物质可以看作由许多被称为**磁畴**的小磁体所组成。在无外磁场作用时，磁畴排列杂乱无章，磁性相互抵消，对外不显磁性，如图 4-53a 所示。但在外磁场作用下，磁畴就会沿着外磁场方向变成整齐有序的排列，所以整体也就具有了磁性，如图 4-53b 所示。

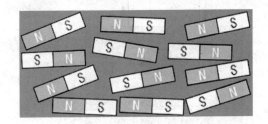

a）　　　　　　　　　　　　　　　　b）

图 4-53　铁磁物质的磁化

a）不带磁性的铁片　b）铁片被磁化

二、磁化曲线与磁滞回线

　　在实际应用中，总是利用电流产生的磁场来使铁磁材料磁化。例如，在通电线圈中放入铁芯，铁芯就被磁化了，如图 4-54a 所示。当一个线圈的结构、形状、匝数都已确定时，线圈中的磁通 Φ 随电流 I 变化的规律可用 $\Phi\text{—}I$ 曲线来表示，称为**磁化曲线**，如图 4-54b 所示。它反映了铁芯的磁化过程。

　　当 $I=0$ 时，$\Phi=0$；当 I 增加时，Φ 随之增加。但 Φ 与 I 的关系是非线性的。

　　曲线 Oa 段较为陡峭，Φ 随 I 近似成正比增加。

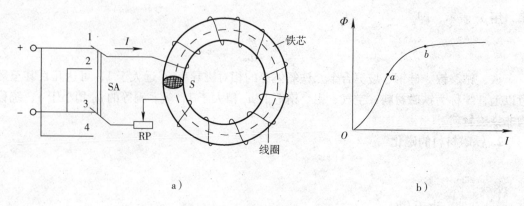

图 4-54　磁化实验与磁化曲线
a) 利用电流产生的磁场磁化铁芯　b) 磁化曲线

b 点以后的部分近似平坦，这表明即使再增大线圈中的电流 I，Φ 也近似不变，铁芯磁化到这种程度称为**磁饱和**。

a 点到 b 点是一段弯曲的部分，称为曲线的**膝部**。这表明从未饱和到饱和是逐步过渡的。

各种电器的线圈中，一般都装有铁芯以获得较强的磁场。而且在设计时，常常是将其工作磁通取在磁化曲线的膝部，以便使铁芯能在未饱和的前提下，充分利用其增磁作用。为了尽可能增强线圈中的磁场，还常将铁芯制成闭合的形状，使磁感线沿铁芯构成回路，如图 4-55 所示。

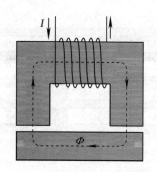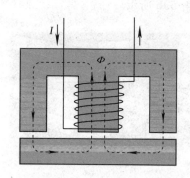

图 4-55　铁芯构成的磁路

在一个给定的线圈中，分别放入不同铁磁材料制成的相同形状的铁芯，它们的磁化曲线是不相同的，因此，可以借助磁化曲线对不同铁磁材料的磁化特性进行比较。

如果线圈通入交变电流，就会产生交变磁场，线圈中的铁芯也就会被反复磁化。在理想情况下，铁芯中的 Φ 应随线圈中的电流 I 不断重复地沿正、反两条磁化曲线变化，如图 4-56a 所示。但实际并非如此，当线圈中电流变化到零时，由于磁畴存在的惯性，铁芯中的 Φ 并不为零，而是仍保留部分**剩磁**，如图 4-56b 中 Ob 及 Oe 所示。必须加反向电流，并达到一定数值，才能使剩磁消失，如图 4-56b 中 Oc 及 Of 所示。上述现象称为**磁滞**，图 4-56b 中的封闭曲线称为**磁滞回线**。铁芯在反复磁化的过程中，由于要不断克服磁畴惯性将损耗一定的能量，称为**磁滞损耗**，这将使铁芯发热。

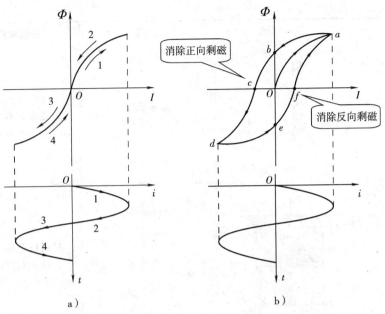

图 4-56　反复磁化和磁滞回线

a）理想情况　b）磁滞回线

 **想一想**

平面磨床的电磁工作台在工件加工完毕后，需要在励磁线圈中通入短暂的反向电流，这样才能取下工件，为什么？

三、铁磁材料的分类及应用

不同的铁磁材料具有不同的磁滞回线，它们的用途也不相同，一般可分为硬磁材料、软磁材料、矩磁材料三类，见表4-3。

表4-3　铁磁材料的分类

名称	磁滞回线	特点	典型材料及用途
硬磁材料		不易磁化 不易退磁	碳钢、钴钢等，适合制作永久磁铁，如扬声器的磁钢

续表

名称	磁滞回线	特点	典型材料及用途
软磁材料	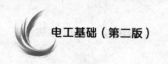	容易磁化 容易退磁	硅钢、铸钢、铁镍合金等，适合制作电动机、变压器、继电器等设备中的铁芯
矩磁材料		很易磁化 很难退磁	锰镁铁氧体、锂锰铁氧体等，适合制作计算机的磁盘

 应用

磁卡

　　银行信用卡表面的黑色磁条上记录着银行代码、账号信息等数据，这些都是利用磁感应方法写进去的。实际进行磁化时，是用磁性的有与无表示二进制的 0 和 1，如图 4-57 所示。

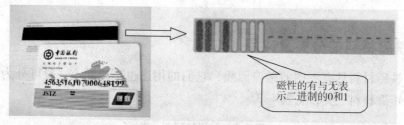

图 4-57　磁卡的记录原理

电饭煲中的磁钢

　　铁磁物质磁化后，磁性会随温度升高而减弱，达到某一温度时，磁性会急剧减弱，这一温度称为**临界温度**。

　　在切断式电饭煲的控制电路中，通常是将一对临界温度略高于 100 ℃的磁铁作为温度传感器（俗称**磁钢**），安装在电饭煲外锅的底部中央。烧饭时两块磁铁相互吸引，当饭熟水干、锅内温度超过临界温度时，磁铁磁性急剧减弱，并在弹簧力的作用下相互分离，从而切断电路，如图 4-58 所示。

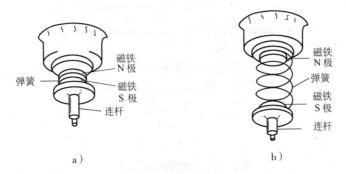

图 4-58　电饭煲中磁铁的作用

a) 烧饭时两块磁铁相互吸引　b) 当锅内温度超过 100 ℃时相互分离

四、磁路与磁路欧姆定律

1. 磁路

铁磁材料具有很强的导磁能力，所以常常将铁磁材料制成一定形状（多为环状）的铁芯。这样就为磁通的集中通过提供了路径。

磁通所通过的路径称为**磁路**。图 4-59 所示为几种电气设备的磁路。

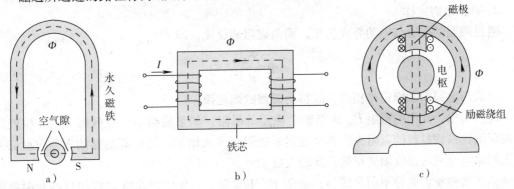

图 4-59　几种电气设备的磁路

a) 磁电系仪表　b) 变压器　c) 电动机

磁路可分为**无分支磁路**和**有分支磁路**。图 4-59a、b 所示为无分支磁路，图 4-59c 所示为有分支磁路。磁路中除铁芯外往往还有一小段非铁磁材料，例如空气隙等。由于磁感线是连续的，所以通过无分支磁路各处横截面的磁通是相等的。

利用铁磁材料可以尽可能地将磁通集中在磁路中，但是与电路比较，磁路的漏磁现象要比电路的漏电现象严重得多。全部在磁路内部闭合的磁通称为**主磁通**，部分经过磁路周围物质而自成回路的磁通称为**漏磁通**。在漏磁不严重的情况下可将其忽略，只考虑主磁通，如图 4-60 所示。

通电线圈的匝数越多，电流越大，磁场越强，磁通也就越多。通常把通过线圈的电流 I 和线圈匝数 N 的乘积称为**磁动势**，用 F_m 表示，即

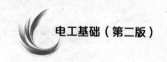
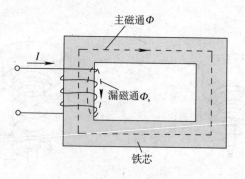

图 4-60　主磁通和漏磁通

$$F_m = IN$$

磁动势的单位是安培（A）。

电路中有电阻，磁路中也有磁阻。**磁阻**就是磁通通过磁路时所受到的阻碍作用，用符号 R_m 表示。与导体的电阻相似，磁路中磁阻的大小与磁路的长度 l 成正比，与磁路的横截面积 S 成反比，并与组成磁路材料的磁导率有关，其公式为

$$R_m = \frac{l}{\mu S}$$

式中，μ、l、S 的单位分别为 H/m、m、m^2，磁阻 R_m 的单位为 1/亨（H^{-1}）。

2. 磁路欧姆定律

通过磁路的磁通与磁动势成正比，而与磁阻成反比，即

$$\Phi = \frac{F_m}{R_m}$$

上式与电路的欧姆定律相似，故称为**磁路欧姆定律**。

应当指出，式中的磁阻 R_m 是指整个磁路的磁阻，如果磁路中有**空气隙**，由于空气隙的磁阻远比铁磁材料的磁阻大，整个磁路的磁阻会大大增加，若要有足够的磁通，就必须增大励磁电流或增加线圈的匝数，即增大磁动势。

由于铁磁材料磁导率的非线性，磁阻 R_m 不是常数，所以磁路欧姆定律只能对磁路做定性分析。

由以上分析可知，磁路中的某些物理量与电路中的某些物理量有对应关系，而且磁路中某些物理量之间与电路中某些物理量之间也有相似的关系，具体见表 4-4。

表 4-4　磁路和电路的比较

磁路	电路

续表

磁路	电路
磁动势 $F_m = IN$	电动势 E
磁通 Φ	电流 I
磁阻 $R_m = \dfrac{l}{\mu S}$	电阻 $R = \rho\dfrac{l}{S}$
磁导率 μ	电阻率 ρ
磁路欧姆定律 $\Phi = \dfrac{F_m}{R_m}$	电路欧姆定律 $I = \dfrac{E}{R}$

想一想

需要制作一个 220 V/110 V 的小型变压器，能否一次侧绕 2 匝线圈，二次侧绕 1 匝线圈？试说明理由。

应用

电焊机电流的调节

电弧焊对电焊变压器的要求是焊条与工件相碰瞬间，短路电流不能过大，以免烧坏电焊机。为了能适应不同焊件和焊条，焊接电流的大小要能调节。为了满足上述要求，电焊变压器的二次绕组与一个电抗器串联，电抗器的铁芯有一定的空气隙。转动螺杆可以改变空气隙的距离。当空气隙加大时，电流就增大；反之，当空气隙减小时，电流就减小，如图 4-61b 所示。

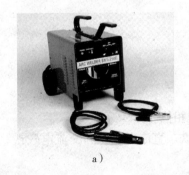

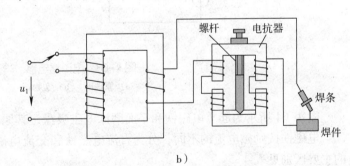

图 4-61　电焊机电流的调节
a）电焊机　b）电流调节原理

五、电磁铁

电磁铁是利用通有电流的铁芯线圈对铁磁物质产生电磁吸力的装置，其常见结构形式如图 4-62 所示。它们都是由线圈和铁芯两个基本部分组成的。工作时线圈通入励磁电流，在铁芯气隙中产生磁场，吸引衔铁，断电时磁场消失，释放衔铁。

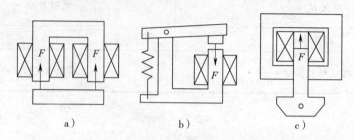

图 4-62　电磁铁的常见结构形式

a）马蹄式（起重电磁铁）　b）拍合式（继电器）　c）螺管式（电磁阀）

电磁铁的应用很广泛，如继电器、接触器、电磁阀等。图 4-63 所示为利用电磁铁制成的电磁继电器。闭合低压控制电路中的开关 S，电磁铁线圈通电，动触点与静触点（图中常开触点）接触，工作电路闭合，电动机转动。当断开开关 S 时，电磁铁磁性消失，在弹簧力作用下，动、静触点脱开，电动机停转。利用电磁继电器可以实现用低电压、小电流的控制电路来控制高电压、大电流的工作电路，并且能实现遥控和生产自动化。

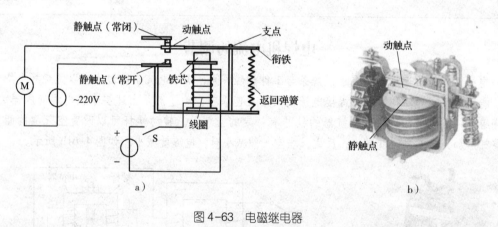

图 4-63　电磁继电器

a）原理图　b）实物

图 4-64 所示为起重电磁铁和平面磨床电磁吸盘，其原理相似。

电磁铁按励磁电流的不同，分为直流电磁铁和交流电磁铁。直流电磁铁和交流电磁铁的主要区别见表 4-5。

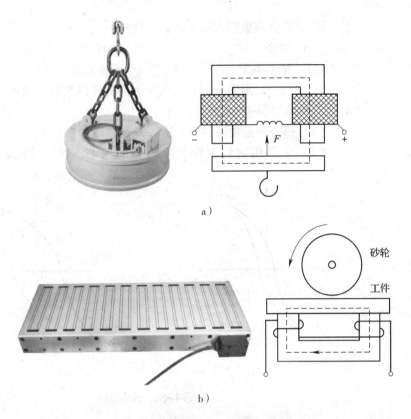

图 4-64 起重电磁铁和平面磨床电磁吸盘
a）起重电磁铁 b）平面磨床电磁吸盘

表 4-5 直流电磁铁和交流电磁铁的主要区别

项目	直流电磁铁	交流电磁铁
空气隙对励磁电流的影响	励磁电流不变，与空气隙无关	励磁电流随空气隙的增大而增大
磁滞损耗和涡流损耗	无	有
吸力	恒定不变	脉动变化
铁芯结构	由整块铸钢或工业纯铁制成	由多层彼此绝缘的硅钢片叠成

即使是额定电压相同的交、直流电磁铁，也绝不能互换使用。若将交流电磁铁接在直流电源上使用，励磁电流要比接在相同电压的交流电源上时的电流大许多倍，从而烧坏线圈。若将直流电磁铁接在交流电源上，则会因为线圈本身阻抗太大，使励磁电流过小而吸力不足，致使衔铁不能正常工作。

思考与练习

1. 为减小剩磁，电磁线圈的铁芯应采用（   ）材料。

    A. 硬磁性　　　　　　　　B. 非磁性

    C. 软磁性　　　　　　　　D. 矩磁性

2. 空心线圈被插入铁芯后，磁性将（　　）。

　　A. 增强　　　　　　　　　　B. 减弱

　　C. 基本不变　　　　　　　　D. 不能确定

3. 在同一线圈中分别放入两种不同的铁磁材料，通电后测出它们的磁滞回线如图4-65所示，问：

　　（1）哪一种是硬磁材料，哪一种是软磁材料？

　　（2）如果用它们制作交流电器的铁芯，哪一种的磁滞损耗比较小？

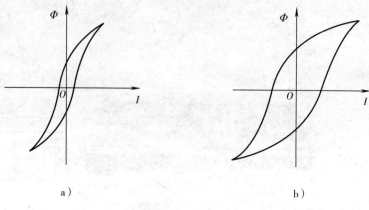

a）　　　　　　　　　　　　　　　　b）

图4-65　磁滞回线

4. 如果交流电磁铁的衔铁在吸合过程中被卡住，会出现什么现象？为什么？应采取什么措施？

5. 图4-66所示为电磁铁原理图，电流方向如图所示：

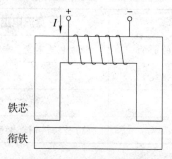

图4-66　电磁铁原理图

　　（1）在图中分别标出铁芯和衔铁的磁极，并画出磁感线的方向。

　　（2）图中衔铁尚未被吸合，这时能形成闭合磁路吗？为什么？

6. 图4-67所示为电磁抱闸示意图，它常用于制动机床和起重机的电动机，试说明它的工作原理。

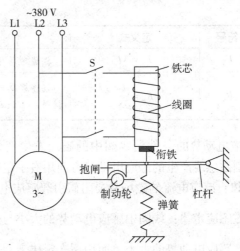

图 4-67 电磁抱闸示意图

本模块小结

1. 磁铁周围和电流周围都存在着磁场。磁感线能形象地描述磁场，是互不交叉的闭合曲线，在磁体外部由 N 极指向 S 极，在磁体内部由 S 极指向 N 极。磁感线上一点的切线方向表示该点的磁场方向。

2. 电流产生的磁场方向可用安培定则判断。磁场对处在其中的通电直导体有作用力，其方向用左手定则判断，电磁力的大小为 $F = BIl\sin\alpha$，式中 α 为通电直导体与磁感应强度方向的夹角。

3. 磁场与磁路的基本物理量见表 4-6。

表 4-6 磁场与磁路的基本物理量

名称	符号	定义式	意义	单位
磁通	Φ	$\Phi = BS$	描述磁场在某一范围内的分布及变化情况	Wb
磁感应强度	B	$B = \dfrac{\Phi}{S}$	描述磁场中某点处磁场的强弱	T
磁导率	μ	μ_0 为真空磁导率 μ_r 为相对磁导率 $\mu_r = \dfrac{\mu}{\mu_0}$	表示物质对磁场的影响程度，即表明物质的导磁能力	H/m

续表

名称	符号	定义式	意义	单位
磁动势	F_m	$F_m = NI$	描述磁路中产生磁通的条件和能力	A
磁阻	R_m	$R_m = \dfrac{l}{\mu S}$	描述磁路对磁通的阻力，它由磁路的材料、形状及尺寸所决定	H^{-1}

4. 产生感应电动势的条件是线圈中的磁通发生变化或导体相对磁场运动而切割磁感线。直导体切割磁感线产生的感应电动势方向用右手定则来判断，其大小为 $e = Blv\sin\alpha$。

5. 楞次定律：感应电流的磁场总要阻碍引起感应电流的磁通的变化。

法拉第电磁感应定律：线圈中感应电动势的大小与磁通的变化率成正比，即 $e = N\dfrac{\Delta\Phi}{\Delta t}$。通常用此式计算感应电动势的大小，而用楞次定律来判别感应电动势的方向。

6. 由于流过线圈自身的电流变化而引起的电磁感应现象称为自感。自感系数不变时，自感电动势的大小与电流的变化率成正比，即 $e_L = L\dfrac{\Delta I}{\Delta t}$。

7. 互感是一个线圈中的电流发生变化而在另一线圈中产生电磁感应的现象。互感电动势的大小为 $e_{M2} = M\dfrac{\Delta I_1}{\Delta t}$。它表明，互感系数不变时，一个线圈中互感电动势的大小，正比于另一个线圈中电流的变化率。互感电动势的方向利用同名端判别较为简便。

8. 使原来没有磁性的物质具有磁性的过程称为磁化，只有铁磁材料才能被磁化。铁磁材料根据其磁滞回线不同可分为软磁材料、硬磁材料、矩磁材料。

9. 磁路中的磁通、磁动势和磁阻之间的关系，可用磁路欧姆定律表示，即

$$\Phi = \dfrac{F_m}{R_m}$$

其中，$F_m = NI$，$R_m = \dfrac{l}{\mu S}$。

模块五
单相交流电路

课题一　交流电的基本概念

学习目标

1. 了解正弦交流电的产生和特点。
2. 理解正弦交流电的有效值、频率、初相位及相位差的概念。
3. 掌握正弦交流电的三种表示方法。

大多数家用电器，如电风扇、洗衣机、空调等，都是使用"220 V/50 Hz"交流电源；还有一些设备，如手机、电动车，虽然要由直流电源供电，但它们都是用充电器将 220 V 交流电转换为所需的直流电；而电视机、计算机、音响设备等则是将直流电源作为整机电路的一部分，接通 220 V 交流电后，便可自行将 220 V 交流电转换为所需要的直流电，如图 5-1 所示。

一、交流电的概念

交流电与直流电的根本区别是**直流电的方向不随时间的变化而变化，交流电的方向则随时间的变化而变化**。电源只有一个交变电动势的交流电称为单相交流电。

下面以示波器显示的不同波形为例做一比较。

图 5-2a 所示为某直流电源的电压波形，其大小和方向都不随时间变化，是稳恒直

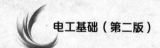

图 5-1 交流电的应用

流电。

图 5-2b 所示为某信号发生器输出的信号，其大小和方向都按正弦规律变化，所以称**为正弦交流电**。

实际应用的交流电并不仅限于正弦交流电，如图 5-2c 所示锯齿波信号、图 5-2d 所示方波信号等，它们都是**周期性非正弦量**。周期性非正弦量可以认为是一系列正弦交流电叠加合成的结果，所以正弦交流电是研究周期性非正弦量的基础。

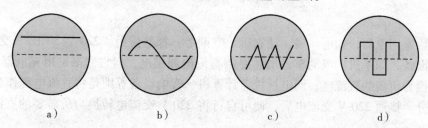

图 5-2 直流电和交流电波形

a）稳恒直流电 b）正弦交流电 c）示波器扫描电路的锯齿波信号 d）计算机中的方波信号

以后如果没有特别说明，本书中所讲的交流电都是指正弦交流电。

二、正弦交流电的产生

交流电可以由交流发电机提供，也可由振荡器产生。交流发电机主要是提供电能，振荡器主要是产生各种交流信号。

　　图 5-3a 和图 5-3b 所示为一种实验用简易交流发电机的实物模型和原理图，图 5-3c 所示为其转子线圈的截面图。当线圈在磁场中转动时，由于导线切割磁感线，线圈中将产生感应电动势，其过程如图 5-4 所示。用示波器观察波形可知，线圈中产生的是正弦交流电。

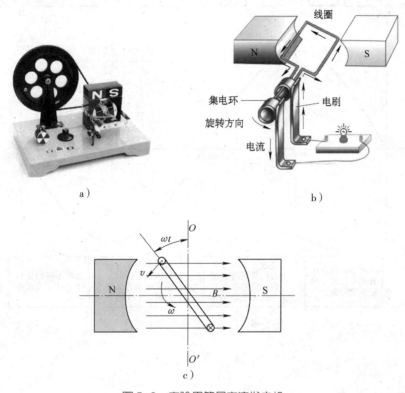

图 5-3　实验用简易交流发电机

a）实物模型　b）原理图　c）转子线圈的截面图

　　在图 5-3c 中，以一匝线圈为例，将磁极间的磁场看作匀强磁场，设线圈在磁场中以角速度 ω 逆时针匀速转动，当线圈平面垂直于磁感线时，各边都不切割磁感线，没有感应电动势，称此平面为中性面，如图中 OO' 所示。设磁感应强度为 B，磁场中线圈切割磁感线的一边长度为 l，平面从中性面开始转动，经过时间 t，线圈转过的角度为 ωt，这时，其单侧线圈切割磁感线的线速度 v 与磁感线的夹角也为 ωt，所产生的感应电动势为 $e' = Blv\sin\omega t$。所以整个线圈所产生的感应电动势为

$$e = 2Blv\sin\omega t$$

$2Blv$ 为感应电动势的最大值，设为 E_m，则

$$e = E_m\sin\omega t$$

　　上式为正弦交流电动势的**瞬时值表达式**，也称**解析式**。若从线圈平面与中性面成一夹角 φ_0 时开始计时，则公式为

$$e = E_m\sin(\omega t + \varphi_0)$$

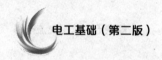

正弦交流电压、电流的表达式分别为

$$u = U_m \sin(\omega t + \varphi_0)$$

$$i = I_m \sin(\omega t + \varphi_0)$$

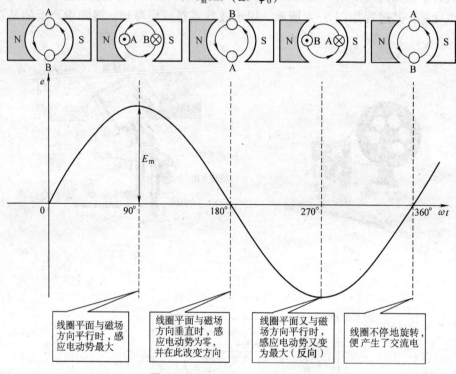

图 5-4　正弦交流电的产生过程

实际应用的发电机

实际应用的发电机构造比较复杂，如图 5-5 所示的旋转磁极式发电机。线圈匝数很多，而且嵌在硅钢片制成的铁芯上，称为电枢；磁极一般也不只是由一对电磁铁构成。由于电枢电流较大，如果采用旋转电枢式，电枢电流必须经裸露的集电环和电刷引到外电路，这样很容易发生火花放电，使集电环和电刷烧坏，所以不能提供较高的电压和较大的功率。一般旋转电枢式发电机提供的电压不超过 500 V。大型发电机常采用旋转磁极式，即电枢不动而使磁极旋转。其定子绕组不用电刷与外电路接触，能提供很高的电压和较大的功率。图 5-6 所示为大型水力发电机组。

图 5-5　旋转磁极式发电机

图 5-6　大型水力发电机组

三、表征正弦交流电的物理量

1. 周期、频率和角频率

正弦交流电波形如图 5-7 所示。

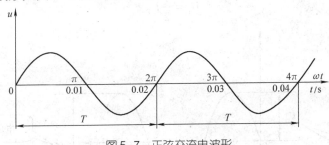

图 5-7　正弦交流电波形

（1）周期

正弦交流电每重复变化一次所需的时间称为**周期**，用符号 T 表示，单位是秒（s）。图 5-7 所示正弦交流电的周期为 0.02 s。

（2）频率

正弦交流电在 1 s 内重复变化的次数称为**频率**，用符号 f 表示，单位是赫兹（Hz）。

根据定义可知，周期和频率互为倒数，即

$$f = \frac{1}{T} \text{ 或 } T = \frac{1}{f}$$

我国和多数国家电网标准频率为 50 Hz（习惯上称为工频），少数国家采用 60 Hz 的频率。

 提示

经验表明，在各种触电事故中，与直流电、高频和超高频电流相比较，最常用的 50 Hz 工频交流电流对人体的伤害最大，因此使用时应特别小心。

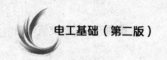

（3）角频率

正弦交流电每秒内变化的电角度（每重复变化一次所对应的电角度为 2π，即 $360°$）称为角频率，用符号 ω 表示，单位是弧度/秒（rad/s）。角频率与周期、频率的关系为

$$\omega = \frac{2\pi}{T} = 2\pi f$$

例如，50 Hz 所对应的角频率是 100π rad/s，即约 314 rad/s。

引入角频率 ω 后，相应正弦交流电波形的横坐标也就用 ωt 表示。

2. 最大值、有效值和平均值

（1）最大值

正弦交流电在一个周期内所能达到的最大瞬时值称为正弦交流电的**最大值**（又称**峰值、幅值**）。最大值用大写字母加下标 m 表示，如 E_m、U_m、I_m。

从正弦交流电的反向最大值到正向最大值称为峰–峰值，用 U_{P-P} 表示。显然，正弦交流电的峰–峰值等于最大值的 2 倍，如图 5-8 所示。在示波器上读取正弦交流电的峰–峰值较为方便，这样不必确定零点即可知正弦交流电的最大值。测得电压峰–峰值后，由 $U_{P-P} = 2U_m$ 即可得

$$U_m = \frac{1}{2}U_{P-P}$$

图 5-8　正弦交流电的最大值和峰–峰值

（2）有效值

交流电的大小是随时间变化的，那么，当我们研究交流电的功率时，应该用什么来表示交流电的平均效果呢？可设计如下实验：取两只完全相同的电水壶，装入温度、质量相同的水，如图 5-9 所示。电水壶分别接通交流电和稳恒直流电，如果两壶水在相同的时间内被烧开，说明它们产生的热效应是相同的。此时，这一稳恒直流电的数值就称为该交流电的**有效值**。

图 5-9　交流电的有效值

为了使有效值的概念更为准确，对交流电的有效值是以一个周期来定义的：让交流电和稳恒直流电分别通过大小相同的电阻，如果在交流电的一个周期内它们产生的热量相等，而这个稳恒直流电的电压是 U，电流是 I，就把 U、I 称为相应交流电的有效值。有效值用大写字母表示，如 E、U、I。

正弦交流电的有效值和最大值之间有如下关系：

$$I = \frac{I_m}{\sqrt{2}} \approx 0.707 I_m$$

$$U = \frac{U_m}{\sqrt{2}} \approx 0.707 U_m$$

提示

> 电工仪表测出的交流电数值及通常所说的交流电数值一般都是指有效值，例如相电压 220 V、线电压 380 V。

（3）平均值

在讨论电路的输出电压等问题时，有时还要使用平均值。由于正弦交流电取一个周期时平均值为零，所以规定半个周期的平均值为正弦交流电的**平均值**，如图 5-10 所示。

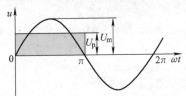

图 5-10　正弦交流量的平均值用半个周期的平均值表示

正弦交流电动势、电压和电流的平均值分别用符号 E_p、U_p、I_p 表示。平均值与最大值之间的关系是

$$E_p = \frac{2}{\pi} E_m \quad U_p = \frac{2}{\pi} U_m \quad I_p = \frac{2}{\pi} I_m$$

有效值与平均值之间的关系是

$$E = \frac{\pi}{2\sqrt{2}} E_p \approx 1.1 E_p \quad U = \frac{\pi}{2\sqrt{2}} U_p \approx 1.1 U_p \quad I = \frac{\pi}{2\sqrt{2}} I_p \approx 1.1 I_p$$

3. 相位与相位差

（1）相位

在正弦交流电动势瞬时值表达式 $e = E_m \sin(\omega t + \varphi_0)$ 中，$(\omega t + \varphi_0)$ 表示正弦量随时间变化的电角度，称为**相位角**，也称**相位**或**相角**，它反映了交流电变化的进程。式中，φ_0 为正弦量在 $t = 0$ 时的相位，称为**初相位**，也称**初相角**或**初相**。

交流电的初相可以为正，也可以为负。若 $t = 0$ 时正弦量的瞬时值为正，则初相为正，

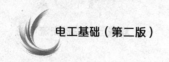
如图 5-11a 所示；若 $t=0$ 时正弦量的瞬时值为负，则初相为负，如图 5-11b 所示。

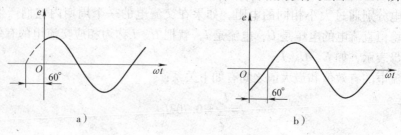

图 5-11　相位的正负
a）初相为正　b）初相为负

初相通常用不大于 180° 的角来表示。例如，$i=50\sin(\omega t+240°)$ A 习惯上应记为 $i=50\sin(\omega t-120°)$ A。

提示

为表达更为直观，在书写瞬时值表达式及进行有关叙述时，相位及其相关概念有时可采用角度制表示，如上式所示。但由于角频率 ω 的单位是 rad/s，因此在进行相关计算时，应注意先将单位制统一。角度制与弧度制的换算关系为 $1°=\dfrac{\pi}{180}$ rad。当然，相位等概念也可以直接使用弧度制来表达。

（2）相位差

两个同频率交流电的相位之差称为**相位差**，用符号 φ 表示，即

$$\varphi=(\omega t+\varphi_{01})-(\omega t+\varphi_{02})=\varphi_{01}-\varphi_{02}$$

如果交流电 e_1 比另一个交流电 e_2 提前达到零值或最大值（即 $\varphi>0$），则称 e_1 **超前** e_2，或称 e_2 **滞后** e_1；若两个交流电同时达到零值或最大值，即两者的初相位相等，则称它们同相位，简称**同相**；若一个交流电达到正的最大值时，另一个交流电同时达到负的最大值，即它们的初相位相差 180°，则称它们反相位，简称**反相**；若两个正弦交流电的相位差 $\varphi=90°$，则称它们**正交**。相应波形如图 5-12 所示。

从波形图上观察两个正弦量的相位差，可以选它们的最大值（或零值）来观察，沿时间轴正方向看，先出现最大值（或零值）的正弦量超前，后出现的滞后。例如，在图 5-12a 中，可以说 e_1 超前于 e_2，相位差为 φ；也可以说 e_2 滞后于 e_1，相位差为 φ。

习惯上相位差的取值范围是 $-180°<\varphi\leqslant180°$。若计算结果 $\varphi=\varphi_{01}-\varphi_{02}>180°$ 或 $\varphi=\varphi_{01}-\varphi_{02}\leqslant-180°$，应取 $360°\pm\varphi$ 作为相位差，并改变相关描述，以满足取值范围要求。例如，若计算结果 $\varphi=\varphi_{01}-\varphi_{02}=120°-(-120°)=240°$，一般不说 e_1 超前 e_2 240°，而是说 e_2 超前 e_1 120°。

综上所述，正弦交流电的最大值反映了正弦交流电的变化范围，角频率反映了正弦交

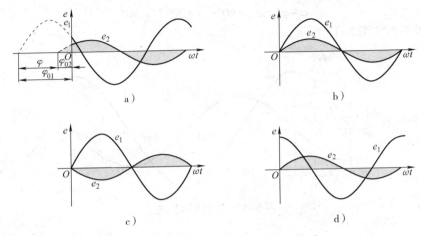

图 5-12　两个同频率交流电的相位关系
a) 超前和滞后　b) 同相　c) 反相　d) 正交

流电的变化快慢，初相位反映了正弦交流电的起始状态。它们是表征正弦交流电的三个重要物理量。知道了这三个量就可以唯一确定一个交流电，写出其瞬时值的表达式，因此常把最大值、角频率和初相位称为**正弦交流电的三要素**。

【**例 5-1**】已知两正弦交流电动势分别是 $e_1 = 100\sqrt{2}\sin(100\pi t + 60°)$ V，$e_2 = 65\sqrt{2}\sin(100\pi t - 30°)$ V。

（1）求各电动势的最大值和有效值。

（2）求各电动势的频率、周期。

（3）求各电动势的相位、初相位、相位差。

（4）绘制波形图。

解：（1）最大值

$$E_{m1} = 100\sqrt{2}\ \text{V} \qquad E_{m2} = 65\sqrt{2}\ \text{V}$$

有效值

$$E_1 = \frac{100\sqrt{2}}{\sqrt{2}}\ \text{V} = 100\ \text{V} \qquad E_2 = \frac{65\sqrt{2}}{\sqrt{2}}\ \text{V} = 65\ \text{V}$$

（2）频率

$$f_1 = f_2 = \frac{\omega}{2\pi} = \frac{100\pi}{2\pi}\ \text{Hz} = 50\ \text{Hz}$$

周期

$$T_1 = T_2 = \frac{1}{f_2} = \frac{1}{50}\ \text{s} = 0.02\ \text{s}$$

（3）相位

$$\varphi_1 = 100\pi t + 60° \qquad \varphi_2 = 100\pi t - 30°$$

初相位

$$\varphi_{01} = 60° \qquad \varphi_{02} = -30°$$

相位差

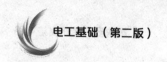
$$\varphi = \varphi_{01} - \varphi_{02} = 60° - (-30°) = 90°$$

（4）波形图如图 5-13 所示。

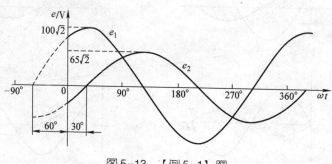

图 5-13 【例 5-1】图

四、正弦交流电的相量图表示法

在对正弦交流电路进行较为复杂的分析计算时，常会遇到两个相同频率的正弦量相加减的情况。例如，对 $u_1 = 3\sqrt{2}\sin(314t+30°)$ V 与 $u_2 = 4\sqrt{2}\sin(314t-60°)$ V 进行加法运算，其波形图如图 5-14 所示。可以发现，无论是将波形图中的数值逐点相加还是用解析式进行代数计算都很不方便。在实际应用中，常采用相量图表示法来解决这一问题。

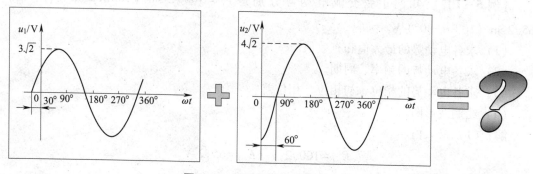

图 5-14 两个正弦交流电压求和

和波形图、解析式一样，**相量图**也是正弦量的一种表示方法。其画法如下：

1. 确定参考方向，一般以直角坐标系 X 轴正方向为参考方向。

2. 作一有向线段，其长度对应正弦量的有效值，与参考方向的夹角为正弦量的初相。若初相为正，则用从参考方向逆时针旋转得出的角度来表示；若初相为负，则用从参考方向顺时针旋转得出的角度来表示。

图 5-15 所示就是 $u_1 = 3\sqrt{2}\sin(314t+30°)$ V 对应的相量图。

正弦量都可以用这样一个长度对应有效值、与参考方向夹角对应初相的有向线段来表示，这个量称为**相量**，一般用 $\dot{E}$、$\dot{U}$、$\dot{I}$ 等符号来表示。

相量也可以用代数形式表达各物理量之间的关系，如 $\dot{U}_1$ 和 $\dot{U}_2$ 两个相量的和可表示为 $\dot{U}_1 + \dot{U}_2$，但应注意此时并不能直接用有效值进行代数运算，而应采用平行四边形法则等几何方法，或复数运算等代数方法。

将相同频率的几个正弦量的相量画在同一个图中，就可以采用平行四边形法则来进行它们的加减运算了，如图5-16所示。

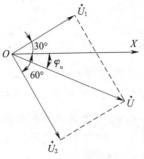

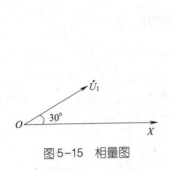

图5-15　相量图　　　　　　　　图5-16　相量求和

使用平行四边形法则求 $\dot{U}_1 + \dot{U}_2$ 的方法是，以 $\dot{U}_1$ 和 $\dot{U}_2$ 为邻边、长度为边长作一平行四边形，以 $\dot{U}_1$ 和 $\dot{U}_2$ 的交点为起点、其对角的顶点为终点作一有向线段，所得相量即为二者的相量和。相量和的长度表示正弦量和的有效值，相量和与 X 轴正方向的夹角即为正弦量和的初相，角频率不变。

使用平行四边形法则求 $\dot{U}_1 - \dot{U}_2$ 时，可将 $\dot{U}_2$ 反向延长相等长度，得到 $-\dot{U}_2$，按上述方法求 $\dot{U}_1 + (-\dot{U}_2)$。

如图5-16所示，用 u_1 和 u_2 的相量图可以很方便地求出 $u_1 + u_2$ 的瞬时值表达式。由于 $\dot{U}_1$、$\dot{U}_2$ 夹角恰好为90°，有

$$U = \sqrt{U_1^2 + U_2^2} = \sqrt{3^2 + 4^2} \ \text{V} = 5 \ \text{V}$$

$$\varphi = \arctan \frac{U_2}{U_1} = \arctan \frac{4}{3} \approx 53° \ （u_1 \text{ 超前 } u \text{ 的角度}）$$

于是可得 $u = u_1 + u_2$ 的三要素为：

$$U = 5 \ \text{V} \quad \omega = 314 \ \text{rad/s} \quad \varphi_u = \varphi_1 - \varphi = 30° - 53° = -23°$$

所以 $u = 5\sqrt{2} \sin (314t - 23°) \ \text{V}$。

 **提示**

应用相量图时需注意以下几点：

1. 同一相量图中，各正弦交流电的频率应相同。

2. 同一相量图中，相同单位的相量应按相同比例画出。

3. 一般取直角坐标系 X 轴的正方向为参考方向，有时为了方便起见，也可在几个相量中任选其一确定参考方向，并取消直角坐标系。

4. 一个正弦量的相量图、波形图、解析式是正弦量的几种不同的表示方法，它们有一一对应的关系，但在数学上并不相等，如果写成 $e = E_m \sin (\omega t + \varphi) = \dot{E}$，则是错误的。

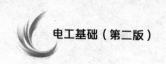 **知识拓展**

相量图表示法的由来

现以正弦交流电动势 $e=E_m\sin(\omega t+\varphi_0)$ 为例说明如下：如图 5-17 所示，在直角坐标系内，作一矢量 OA，其长度为正弦交流电动势 e 的最大值 E_m，它的起始位置与 X 轴正方向的夹角等于初相 φ_0，并以正弦交流电动势的角频率 ω 为角速度逆时针匀速旋转，则在任一瞬间旋转矢量与 X 轴的夹角即正弦交流电动势的相位 $(\omega t+\varphi_0)$，它在 Y 轴的投影即该正弦交流电动势的瞬时值。

例如，当 $t=0$ 时，旋转矢量在 Y 轴的投影为 e_0，对应于图 5-17 中电动势波形的 a 点；$t=t_1$ 时，矢量与 X 轴夹角为 $(\omega t_1+\varphi_0)$，此时，矢量在 Y 轴的投影为 e_1，对应于波形图上 b 点，如果矢量旋转一周，就与该正弦交流电一个周期的波形恰好对应。可见，旋转矢量能完全反映正弦交流电的三要素及变化规律。

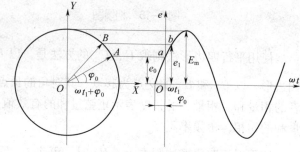

图 5-17 旋转矢量与波形图的对应关系

为了与一般的空间矢量相区别，把表示正弦交流电的这一矢量称为**相量**。

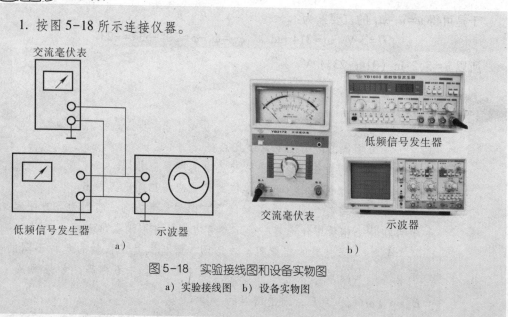

动手做

1. 按图 5-18 所示连接仪器。

交流毫伏表

低频信号发生器   示波器

a）

交流毫伏表

低频信号发生器

示波器

b）

图 5-18 实验接线图和设备实物图

a）实验接线图 b）设备实物图

注意： 本次实验内容涉及 220 V 交流电，远高于人体可承受的安全电压，在接线、连接电源、测试等环节中，都要在教师指导下，严格按照规范操作，避免发生触电事故。

2. 启动低频信号发生器，将它的输出衰减开关分别置于 0 dB、20 dB 等的位置上，调节输出电压微调旋钮，用交流毫伏表测量电压的变化范围，并将测量结果记入表 5-1。

表 5-1　电压测量值

输出衰减开关位置/dB	0	20	40	60
输出电压变化范围				

3. 将示波器电源接通预热后，调节"辉度""聚焦""X 轴位移""Y 轴位移"等旋钮，使荧光屏上出现扫描线。

4. 调节低频信号发生器，使其输出电压为 1~5 V、频率为 1 kHz，用示波器观察信号电压波形，调节"X 轴衰减""Y 轴增幅"旋钮，使荧光屏显示的电压波形的峰-峰值占 5 格左右。

5. 调节"扫描范围""扫描微调"旋钮，使荧光屏上显示出数个完整、稳定的正弦波。

6. 由低频信号发生器输出如上所要求的信号，用交流毫伏表测量其电压大小，用示波器观察波形并测量其电压大小和频率。将各仪表的读数记入表 5-2。

表 5-2　测量记录表

正弦信号		频率/Hz	400	1 000	2 000	20 000
		电压有效值/V	0.08	0.5	0.15	2
低频信号发生器	挡位	输出衰减开关				
		频段选择				
	输出信号	频率/Hz				
		电压有效值/V				
示波器	VOLTS/DIV	挡位				
	读数	电压峰-峰值				
	TIME/DIV	挡位				
	读数	信号频率				
交流毫伏表	量程	挡位				
	读数	电压有效值				

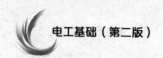

知识拓展

周期性非正弦量

在实际电路中，常常会遇到不按正弦规律变化的周期性电压或电流，它们都属于周期性非正弦量，如方波、三角波等。常见的周期性非正弦量波形及其主要应用场合见表5-3。

表5-3 常见的周期性非正弦量波形及其主要应用场合

名称	波形	应用场合
方波	u, U_m, O, $\frac{T}{2}$, T, t	在数字电路中用途极广，主要作为各种触发器的触发脉冲，以及各种数字电路的输入信号和输出信号
三角波	u, U_m, O, $\frac{T}{2}$, T, t	常作为各种调制波的载波
锯齿波	u, U_m, O, $\frac{T}{2}$, T, t	锯齿波是模拟电路的工作波形之一，典型应用是示波器扫描电路的波形
矩形波	u, U_m, O, $\frac{T}{2}$, T, t	作用同方波，是数字电路最主要的工作波形

续表

名称	波形	应用场合
正弦半波 整流波	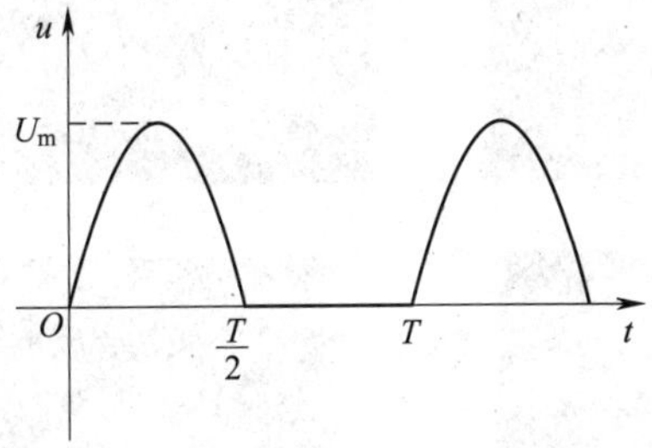	正弦交流电半波整流后的输出波形
正弦全波 整流波	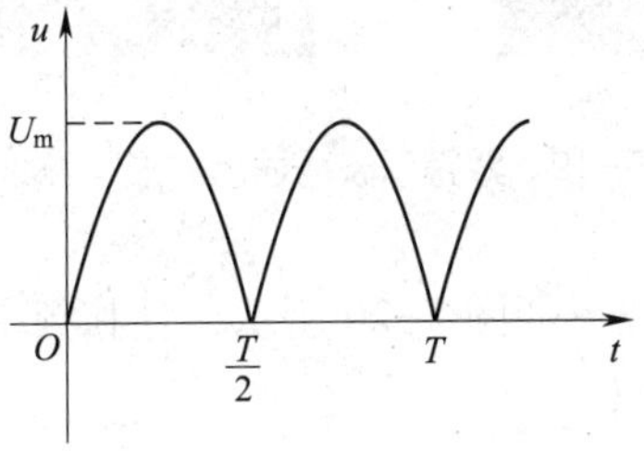	正弦交流电全波整流后的输出波形

思考与练习

1. 已知某正弦交流电压 $u = 311\sin(314t + 45°)$ V，可知该交流电压的有效值 $U = $ _____ V，周期 $T = $ _____ s，频率 $f = $ _____ Hz，初相 $\varphi = $ _____ °。

2. 已知某正弦交流电压有效值为 100 V，频率为 50 Hz，初相为 $-30°$，可得该正弦交流电压的解析式为 $u = $ _____ V。

3. 已知某正弦交流电流 i 的初相为 30°，同频率正弦交流电压 u 在以下情况下的初相各为多少？

（1）u 与 i 同相　（2）u 与 i 反相　（3）u 超前 i 60°

（4）u 滞后 i 60°

4. 一个灯泡上面标明"220 V/40 W"，当它正常工作时，通过灯丝的电流最大值是多少？

5. 双踪示波器显示波形如图 5-19 所示，峰-峰值较大者为 e_1，另一个为 e_2，根据波形图说出 e_1 与 e_2 的相位关系。

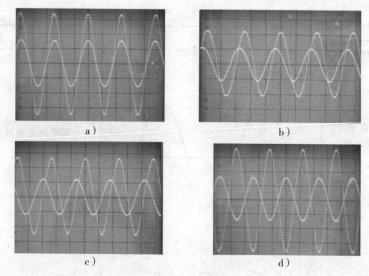

图 5-19　双踪示波器显示波形

a)　　　　　　　　　　　b)

c)　　　　　　　　　　　d)

6. 某正弦交流电压波形如图 5-20 所示，且其频率为 50 Hz。

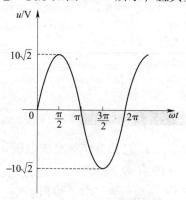

图 5-20　正弦交流电压波形

（1）写出该交流电压解析式。

（2）u_1 与 u 反相，画出其波形图。

（3）u_2 超前 u 90°，画出其波形图。

7. 在图 5-21 所示相量图中，交流电压 u_1 和 u_2 的相位关系是（　　）。

    A. u_1 比 u_2 超前 75°

    B. u_1 比 u_2 滞后 75°

    C. u_1 比 u_2 超前 30°

    D. 无法确定

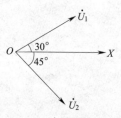

图 5-21　相量图

8. 已知正弦交流电流 $i_1 = 5\sin\omega t$ A，$i_2 = 5\sin(\omega t + 90°)$ A，画出它们的波形图和相量图，并求 $i_1 + i_2$，$i_1 - i_2$。

课题二　纯电阻交流电路

学习目标

1. 掌握纯电阻交流电路中电流与电压的数量关系和相位关系。
2. 理解纯电阻交流电路中瞬时功率和平均功率的概念。

　　一个交流电路中，如果在所有元件中只考虑电阻的作用，其他作用可以忽略不计，则可将其近似地看成是纯电阻交流电路。如卤钨灯电路、工业电阻炉电路（图 5-22）等都可近似地看成纯电阻交流电路。

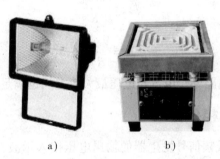

　　　　　a)　　　　　　　　　b)

图 5-22　纯电阻交流电路应用实例

a）卤钨灯　b）工业电阻炉

一、电流与电压的数量关系

　　图 5-23 所示是一个简单的纯电阻交流电路。实验中按图 5-24 所示连接好电路，改变低频信号发生器的输出电压和频率，测量相应的电压和电流值。

图 5-23　纯电阻交流电路

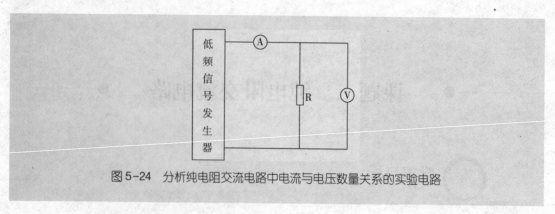

图 5-24　分析纯电阻交流电路中电流与电压数量关系的实验电路

分析实验数据可知，电压与电流成正比（与电源频率无关），比值等于电阻的阻值。电压有效值与电流有效值服从欧姆定律，即

$$I = \frac{U_R}{R}$$

将上式两边同乘以 $\sqrt{2}$，可得

$$\sqrt{2} I = \frac{\sqrt{2} U_R}{R}$$

即

$$I_m = \frac{U_{Rm}}{R}$$

这表明，纯电阻交流电路中，电流与电压最大值之间也满足欧姆定律。

二、电流、电压间相位关系

如图 5-25a 所示，将低频信号发生器的输出电压接入示波器的 CH-1 通道，在位置 2 处使用电流探头接入示波器的 CH-2 通道（需在示波器进行探头类型设置），可以看到它们的相位相同，相位差为零，如图 5-25b 所示。

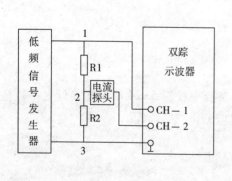

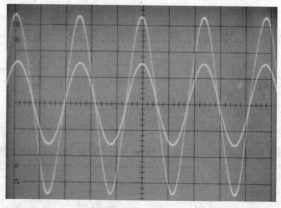

a）

b）

图 5-25　观察电流和电压的相位关系

a）实验接线图　b）电流和电压相位相同

设加在电阻两端的电压为

$$u_R = U_{Rm}\sin\omega t$$

则任一瞬间通过电阻的电流 i 为

$$i = \frac{u_R}{R} = \frac{U_{Rm}\sin\omega t}{R}$$

上式表明，在正弦交流电压的作用下，电阻中通过的电流也是一个**同频率**的正弦交流电流，且与加在电阻两端的电压**同相位**。图 5-26b、c 分别给出了电流、电压的相量图和波形图。

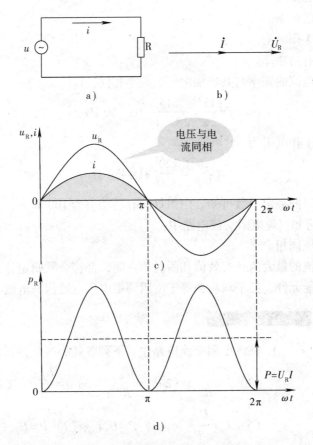

图 5-26 纯电阻交流电路

a）电路图 b）电压、电流相量图 c）电压、电流波形图 d）瞬时功率波形图

三、功率

在任一瞬间，电阻中电流瞬时值与同一瞬间的电阻两端电压的瞬时值的乘积，称为电阻获取的**瞬时功率**，用 p_R 表示，即

$$p_R = u_R i = \frac{U_{Rm}^2}{R}\sin^2\omega t$$

瞬时功率的波形图如图 5-26d 所示。由于电流和电压同相，所以 p_R 在任一瞬间的数值

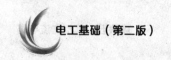

都大于或等于零，这就说明电阻总是要消耗功率，因此，电阻是一种**耗能元件**。

由于瞬时功率时刻变动，不便计算，通常用电阻在交流电一个周期内消耗的功率的平均值来表示功率的大小，叫作**平均功率**。平均功率又称**有功功率**，用 P 表示，单位是瓦（W）。电压、电流用有效值表示时，平均功率 P 的计算与直流电路相同，即

$$P = U_\mathrm{R} I = I^2 R = \frac{U_\mathrm{R}^2}{R}$$

【例5-2】 已知某白炽灯的额定参数为"220 V/100 W"，其两端所加电压为 $u = 220\sqrt{2}\sin 314t$ V。试求：

（1）交流电流的频率。

（2）白炽灯的工作电阻。

（3）白炽灯的有功功率。

解：（1）交流电流的频率与其所加电压的频率相同，即

$$f = \frac{\omega}{2\pi} = \frac{314}{2 \times 3.14}\ \mathrm{Hz} = 50\ \mathrm{Hz}$$

（2）白炽灯的工作电阻为

$$R = \frac{U^2}{P} = \frac{220^2}{100}\ \Omega = 484\ \Omega$$

（3）根据白炽灯的额定参数可知，白炽灯的有功功率为 100 W。

通过以上讨论可知，纯电阻交流电路中：

（1）电流与电压同相。

（2）电压与电流的最大值、有效值和瞬时值之间，都符合欧姆定律。

（3）电阻是耗能元件，其平均功率等于电阻两端电压有效值与电流有效值的乘积。

思考与练习

1. 在纯电阻交流电路中，下列各式哪些是错误的？

（1）$i = \dfrac{U_\mathrm{R}}{R}$　　（2）$I = \dfrac{U_\mathrm{R}}{R}$　　（3）$i = \dfrac{U_\mathrm{Rm}}{R}$　　（4）$i = \dfrac{u_\mathrm{R}}{R}$

（5）$I_\mathrm{m} = \dfrac{U_\mathrm{Rm}}{R}$　　（6）$P = U_\mathrm{R} I$　　（7）$P = U_\mathrm{Rm} I_\mathrm{m}$

2. 已知一个电阻上的电压 $u = 10\sqrt{2}\sin\left(314t - \dfrac{\pi}{2}\right)$ V，测得电阻上消耗的功率为 20 W，则这个电阻的阻值为（　　）Ω。

A. 5　　　　B. 10　　　　C. 40

课题三　纯电感交流电路

学习目标

1. 了解电感器的结构和类型，理解电感的概念。
2. 了解感抗的概念及影响感抗大小的因素。
3. 掌握纯电感交流电路中电流与电压的数量关系和相位关系。
4. 理解纯电感交流电路中瞬时功率、平均功率和无功功率的概念。

一、电感器

1. 电感器的结构、类型和符号

电感器的基本结构是用铜导线绕成的圆筒状线圈。线圈的内腔有些是空的，有些有铁芯或铁氧体芯，加入铁芯或铁氧体芯的目的是把磁感线更紧密地约束在电感器的周围，最终更有效地发挥其功能。

电感器的种类繁多，外形和电路符号也有所不同，常用电感器的类型和符号见表5-4。

表 5-4　常用电感器的类型和符号

类型	实物	符号
空心电感器		
有磁芯或铁芯的电感器		
微调电感器		

续表

类型	实物	符号
有中心抽头的电感器		

2. 电感器的主要参数

（1）电感

电感器抗拒电流变化的能力可以用电感（即自感系数）来描述，它反映了电流以 1 A/s 的变化速率通过电感器时，所能产生的感应电动势的大小。

（2）品质因数

品质因数也称 Q 值，是衡量电感器储存能量损耗率的一个物理量。Q 值越高，电感器储存的能量损耗率越低，效率越高。品质因数的高低与电感器的直流电阻、线圈圈数、线圈骨架、内芯材料以及工作频率等有关，具体关系如下：

$$Q = \frac{\omega L}{R} = \frac{2\pi f L}{R}$$

式中　ω——交流电角频率；

　　　L——电感，与线圈圈数、线圈骨架和内芯材料等有关；

　　　R——电感器的直流电阻。

3. 感抗

为了讨论纯电感交流电路的工作原理，下面先通过如下实验，了解一下电感对交流电的阻碍作用。

动手做

1. 按图 5-27 所示连接实验电路，其中 L 用电磁感应实验中多匝线圈代替。先测量线圈的直流电阻，然后选择适当电阻，使两个并联支路的直流电阻相等。

2. 接通 5 V 直流电源，测得电阻支路电流为＿＿＿＿＿＿ mA，电感支路电流为＿＿＿＿＿＿ mA，二者相差＿＿＿＿＿＿（较大/较小）。

3. 将直流电流表换为交流电流表，由低频信号发生器提供 5 V、1 kHz 交流电压。测得电阻支路电流为＿＿＿＿＿＿ mA，电感支路电流为＿＿＿＿＿＿ mA，二者相差＿＿＿＿＿＿（较大/较小）。

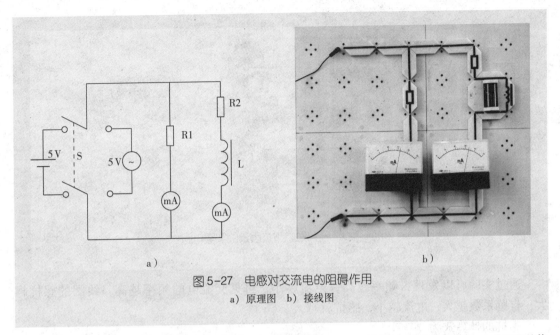

a)   b)

图 5-27 电感对交流电的阻碍作用

a）原理图 b）接线图

实验表明：电感线圈对直流电和交流电的阻碍作用是不同的。对于直流电，起阻碍作用的只是线圈的电阻；对于交流电，除了线圈的电阻外电感也起阻碍作用。电感对交流电的阻碍作用称为**感抗**，用 X_L 表示，感抗的单位也是欧姆（Ω）。

动手做

感抗的大小与哪些因素有关呢？下面继续进行实验。

1. 保持电源电压大小不变，改变频率，如图 5-28a 所示，观察现象。
2. 将铁芯插入线圈（线圈的自感系数增大），如图 5-28b 所示，观察现象。

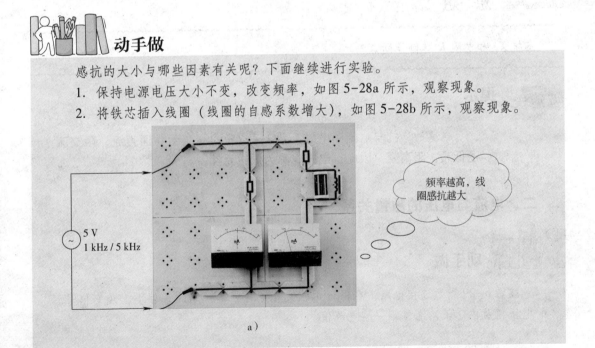

频率越高，线圈感抗越大

5 V
1 kHz / 5 kHz

a)

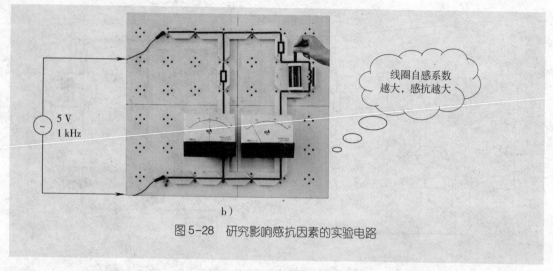

b)

图 5-28　研究影响感抗因素的实验电路

通过实验可以发现：频率越高，电流越小，可见交流电的频率越高，线圈的感抗越大；自感系数越大，电流越小，感抗就越大。

感抗的计算式为

$$X_{\mathrm{L}} = \omega L = 2\pi f L$$

在直流情况下，$f=0$，因此感抗也为零。可知电感对直流电流没有阻碍作用。

想一想

感抗 X_{L} 和电阻 R 有何异同点？

提示

电感的感抗与电流频率的关系，可以简单概括为：**通直流，阻交流，通低频，阻高频。**因此，**电感也称为低通元件。**

二、电流与电压的数量关系

动手做

按图 5-29 所示连接电路，在保证正弦交流电源频率一定的条件下，改变信号源的电压值及电感值，测量相应的电流值。

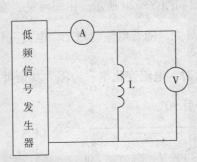

图5-29 分析纯电感交流电路中电流与电压数量关系的实验电路

分析实验数据可知，在纯电感交流电路中，电流与电压成正比，与感抗成反比，即

$$I = \frac{U_L}{X_L}$$

这就是纯电感交流电路欧姆定律的表达式。

三、电流与电压的相位关系

动手做

按图5-30所示连接电路。为了便于从示波器观察电流与电压的相位关系，在电感电路中串接一只取样电阻R，输入交流信号后，将电感L和电阻R上的电压分别输入示波器的CH-1、CH-2两个信号通道（按下CH-2改变极性按键），观察波形特点。

通过实验可以看到 u_R 超前 u_R 90°，如图5-31所示。由于通过电阻和电感的电流相等，而电阻两端的电压与电阻中通过的电流相位相同，可知电感两端的电压超前电流（电流滞后电压）90°。纯电感交流电路中电压和电流的相量图如图5-32b所示。

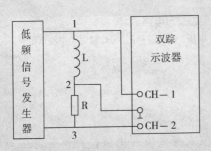

图5-30 分析纯电感交流电路中电流
与电压相位关系的实验电路

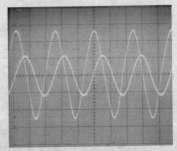

图5-31 u_L 和 u_R 波形图

设电流 i 为参考正弦量，则电压 u_L 的瞬时值表达式为

$$u_L = L \frac{\Delta i}{\Delta t}$$

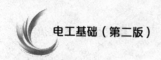

电压和电流的波形图如图 5-32c 所示。由图可见，在 i 由零增加的瞬间，电流变化率 $\frac{\Delta i}{\Delta t}$ 最大，电压 u_L 的值也最大，随着电流的增加，电流变化率逐渐减小，电压 u_L 的值也逐渐减小。当 i 达到最大值时，电流变化率 $\frac{\Delta i}{\Delta t}$ 为零。其余可类推。结果表明，电压比电流超前 90°，即电流比电压滞后 90°。

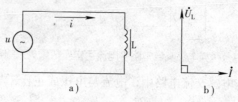

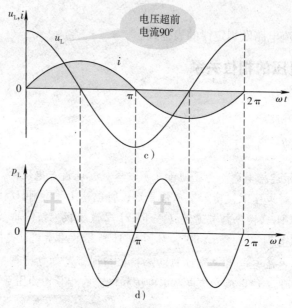

图 5-32　纯电感交流电路

a）电路图　b）电压、电流相量图　c）电压、电流波形图　d）瞬时功率波形图

提示

感抗只是电压与电流最大值或有效值的比值，而不是电压与电流瞬时值的比值，即 $X_L \neq \dfrac{u_L}{i}$，这是因为 u_L 和 i 的相位不同。

四、功率

将图 5-32c 中 u_L 和 i 波形的同一瞬间数值逐点相乘，便可得到图 5-32d 所示的瞬时功率波形图。由图可见，瞬时功率在一个周期内，有时为正值，有时为负值。瞬时功率为正值，说明电感从电源吸收能量转换为磁场能储存起来；瞬时功率为负值，说明电感又将磁场能转换为电能返还给电源。

瞬时功率在一个周期内吸收的能量与释放的能量相等，平均功率为零。也就是说，纯电感交流电路不消耗能量，电感是一种**储能元件**。

不同的电感与电源转换能量的多少也不同，通常用瞬时功率的最大值来反映电感与电源之间转换能量的规模，称为**无功功率**，用 Q_L 表示，单位是乏（var）。其计算式为

$$Q_L = U_L I = I^2 X_L = \frac{U_L^2}{X_L}$$

图 5-33 所示分别为配电柜上的有功功率表和无功功率表。

图 5-33 功率表

a）有功功率表 b）无功功率表

 提示

无功功率并不是"无用功率"，"无功"的实质是指元件间发生了能量的互逆转换，而元件本身并没有消耗电能。实际上许多具有电感性质的电动机、变压器等设备都是利用电磁转换工作的，如果没有"无功功率"，就没有电磁转换，这些设备也就无法工作。

【例 5-3】 一个 0.7 H 的电感线圈，电阻可以忽略不计。

（1）将它接在 220 V、50 Hz 的交流电源上，求流过线圈的电流和电路的无功功率。

（2）若电源频率为 500 Hz，其他条件不变，流过线圈的电流将如何变化？

解：（1）线圈的感抗

$$X_L = 2\pi f L = 2 \times 3.14 \times 50 \times 0.7\ \Omega \approx 220\ \Omega$$

流过线圈的电流

$$I = \frac{U}{X_L} = \frac{220}{220}\ A = 1\ A$$

电路的无功功率

$$Q_L = UI = 220 \times 1\ var = 220\ var$$

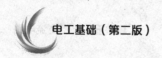
（2）当 $f=500$ Hz 时

$$X_{\mathrm{L}}=2\pi fL=2\times3.14\times500\times0.7\ \Omega\approx2\ 200\ \Omega$$

$$I=\frac{U}{X_{\mathrm{L}}}=\frac{220}{2\ 200}\ \mathrm{A}=0.1\ \mathrm{A}$$

可见，频率增高，感抗增大，电流减小。

通过以上讨论可知，纯电感交流电路中：

（1）电感对交流电的阻碍作用用感抗表示，感抗 $X_{\mathrm{L}}=\omega L=2\pi fL$。

（2）电流与电压的最大值及有效值之间符合欧姆定律。

（3）电压超前电流 $90°$，电压 u_{L} 与电流的变化率 $\dfrac{\Delta i}{\Delta t}$ 成正比。

（4）电感是储能元件，它不消耗电能。纯电感交流电路的有功功率为零，无功功率等于电压有效值与电流有效值的乘积。

应用

电感元件的应用

电感元件有阻碍电流变化的作用，而电感本身又不消耗能量，所以在电工和电子技术中有广泛应用。如交流电路中的扼流圈、电风扇的调速器等。

1. 扼流圈

扼流圈是指对交流电流起阻碍作用的电感线圈。利用线圈感抗与频率成正比的关系，不同扼流圈可扼制不同频率的交流电流。

低频扼流圈（图5-34a）的线圈绕在闭合的铁芯上，匝数为几千甚至超过一万，自感系数为几十亨。即便交流频率较低，这种线圈产生的感抗也很大。

高频扼流圈（图5-34b）的线圈有的绕在圆柱形铁氧体上，有的是空心的，匝数为几百或几十，自感系数为几毫亨，这种线圈对低频交流电的阻碍作用小，对高频交流电的阻碍作用大。

还有一种在闭合的铁氧体磁芯上对称绕制的共模扼流圈（图5-34c），常用于抑制共模（大小相等，极性相同）干扰。

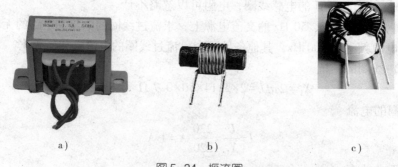

a）   b）   c）

图5-34 扼流圈

a）低频扼流圈 b）高频扼流圈 c）共模扼流圈

2. 电风扇调速电路

图 5-35 所示为电风扇调速电路，将电动机的一、二次绕组 L1、L2 并联后，再串入具有抽头的电抗器（调速器），当转速开关处于不同的位置时，电抗器的电压降也不同，从而使电动机的端电压改变，实现有级调速。当调速开关接快挡时，电动机的绕组直接与电源相连，阻抗最小，转速最高；调速开关接中、慢挡时，电动机串接不同的电抗器，从而使转速降低。

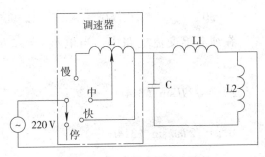

图 5-35　电风扇调速电路

思考与练习

1. 关于电感线圈对交流电的影响，下列说法中正确的是（　　）。
   A. 电感对各种不同频率的交流电的阻碍作用相同
   B. 电感不能通过直流电流，只能通过交流电流
   C. 同一只电感线圈对频率低的交流电流的阻碍作用较大
   D. 同一只电感线圈对频率高的交流电流的阻碍作用较大

2. 关于低频扼流圈和高频扼流圈的阻碍作用，下列说法中正确的是（　　）。
   A. 低频扼流圈对低频交流电的阻碍作用较大，对高频交流电的阻碍作用较小
   B. 低频扼流圈对低频交流电的阻碍作用较大，对高频交流电的阻碍作用更大
   C. 高频扼流圈对高频交流电的阻碍作用较大，对低频交流电的阻碍作用较小
   D. 高频扼流圈对高频交流电的阻碍作用较小，对低频交流电的阻碍作用较大

3. 在纯电感交流电路中，电压超前电流 90°，是否意味着先有电压后有电流？

4. 在纯电感交流电路中，电压有效值不变，增加电源频率时，电路中电流（　　）。

A. 增大　　　　B. 减小　　　　C. 不变

5. 在纯电感交流电路中，下列各式哪些正确？哪些错误？

(1) $i = \dfrac{u_L}{X_L}$　　(2) $I = \dfrac{U_{Lm}}{\omega L}$　　(3) $I = \dfrac{U_L}{fL}$　　(4) $I = \dfrac{U_L}{X_L}$

(5) $P = 0$

6. 在纯电感交流电路中，已知电流的初相角为$-60°$，则电压的初相角为（　　）。

A. 30°　　　　B. 60°　　　　C. 90°　　　　D. 120°

7. 在纯电感交流电路中，当电流 $i = \sqrt{2}\,I\sin 314t$ A 时，电压为（　　）。

A. $u = \sqrt{2}\,IL\sin\left(314t + \dfrac{\pi}{2}\right)$ V

B. $u = \sqrt{2}\,I\omega L\sin\left(314t - \dfrac{\pi}{2}\right)$ V

C. $u = \sqrt{2}\,I\omega L\sin\left(314t + \dfrac{\pi}{2}\right)$ V

8. 下列说法正确的是（　　）。

A. 无功功率是无用的功率

B. 无功功率是表示电感元件建立磁场能量的平均功率

C. 无功功率是表示电感元件与外电路进行能量交换的瞬时功率的最大值

D. 无功功率是表示电感元件与电源在单位时间内互换了多少能量

课题四 纯电容交流电路

学习目标

1. 了解电容器的结构和类型，理解电容的概念。
2. 了解容抗的概念及容抗大小与频率的关系。
3. 掌握纯电容交流电路中电流与电压的数量关系和相位关系。
4. 理解纯电容交流电路中有功功率、无功功率和视在功率的概念。

一、电容器

1. 电容器的结构、类型和符号

电容器的基本结构如图5-36所示，两个相互绝缘又靠得很近的导体就组成了一个电容器。这两个导体称为电容器的两个极板，中间的绝缘材料称为电容器的介质。例如，图5-37所示纸介电容器，就是在两块铝箔或锡箔之间插入纸介质，卷绕成圆柱形而构成的。

图5-36 电容器的基本结构

图5-37 纸介电容器

常用电容器的类型和符号见表5-5。

表5-5 常用电容器的类型和符号

类型	实物	符号
电力电容器	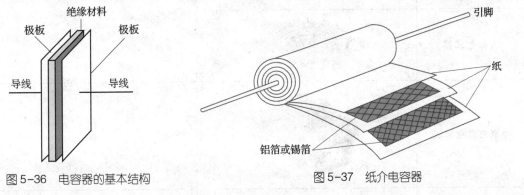	

类型	实物	符号
电解电容器	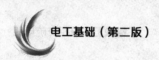	十_
金属膜电容器		
涤纶电容器		十_
瓷片电容器		
云母电容器		
单联可变电容器		
双联可变电容器		
微调电容器		

2. 电容器的主要参数

（1）电容量

电容量是指电容器储存电荷的能力，简称**电容**，如图 5-38 所示，它在数值上等于电容器在单位电压作用下所储存的电荷量，即

$$C = \frac{Q}{U}$$

式中，电容的单位是法拉（F），常用的单位有微法（μF）和皮法（pF）。Q、U 的单位分别为 C、V。

平行板电容器是最常见的电容器，其结构如图 5-39 所示。如果把图 5-37 所示的纸介电容器展开，可以看出其实它也是平行板电容器，之所以要卷绕成圆柱形是为了尽可能增大两块极板的面积。

电容是电容器的固有属性，它只与电容器的极板正对面积、极板间距离以及极板间电介质的特性有关，而与外加电压的大小、电容器带电多少等外部条件无关。

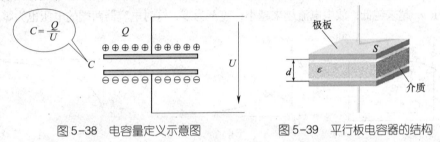

图 5-38 电容量定义示意图   图 5-39 平行板电容器的结构

设平行板电容器极板正对面积为 S，两极板间的距离为 d，则平行板电容器的电容可按下式计算：

$$C = \frac{\varepsilon S}{d}$$

式中，S、d、C 的单位分别是 m^2、m、F。其中，ε 称为极板间电介质的**介电常数**，是电介质自身的一个特性参数，单位是 F/m。真空的介电常数 $\varepsilon_0 \approx 8.86 \times 10^{-12}$ F/m，某种电介质的介电常数 ε 与 ε_0 之比称为该电介质的**相对介电常数**，用 ε_r 表示，空气的相对介电常数约为 1，石蜡、油、云母等，不仅相对介电常数 ε_r 较大，作为电容器的电介质可显著增大电容，而且能做成很小的极板间隔，因而应用很广，通常都是把纸浸入石蜡或油中使用。

（2）额定电压

电容器的额定电压（也称耐压）是指在规定温度范围内，可以连续加在电容器上而不损坏电容器的最大直流电压或交流电压的有效值。它也是电容器的一个重要参数，常用的固定电容器的耐压有 10、16、25、35、50、63、100、250、500 V 等。

3. 电容器的充电和放电

（1）电容器的充电

电容器的充电过程如图 5-40 所示，当开关 S 置于 1 端时，电源通过电阻 R 对电容器 C 开始充电。起初，充电电流 i_C 较大，为 $i_C = \frac{E}{R}$，但随着电容器 C 两端电荷的不断积累，形成的电压 u_C 越来越高，它阻碍了电源对电容器的充电，使充电电流越来越小，直至为零，

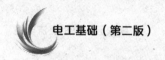

这时电容器两端的电压达到了最大值 E。

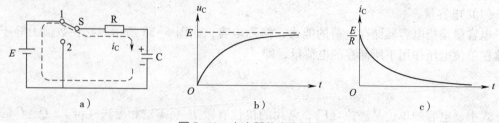

图 5-40　电容器的充电过程

a）电容器充电　b）充电电压曲线　c）充电电流曲线

（2）电容器的放电

电容器的放电过程如图 5-41 所示，当电容器两端充足电后，若将开关 S 置于 2 端，电容器将通过电阻 R 开始放电。起初放电电流 i_C 很大，为 $i_C = -\dfrac{E}{R}$，但随着电容器 C 两端电荷的不断减少，电压 u_C 越来越低，放电电流越来越小，直至为零，这时电容器两端的电压也为零。

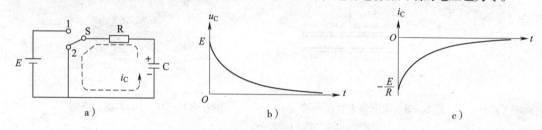

图 5-41　电容器的放电过程

a）电容器放电　b）放电电压曲线　c）放电电流曲线

电容器充放电达到稳定值所需要的时间与 R 和 C 的大小有关。通常用 R 和 C 的乘积来描述，称为 RC 电路的**时间常数**，用 τ 表示，即

$$\tau = RC$$

时间常数的单位为 s。τ 越大，充电越慢，放电也越慢。

 **动手做**

电容器的简易检测

电容器在电路中的故障发生率远高于电阻器，检测难度也较大。利用电容器充放电特性可以大致判断大容量电容器的质量好坏。

检测较大容量有极性电容器时，如图 5-42 所示，将万用表置 R×1k 电阻挡，将黑表笔接电容器正极，红表笔接电容器负极；若是检测无极性电容器，则两支表笔可以不分。检测结果说明见表 5-6。

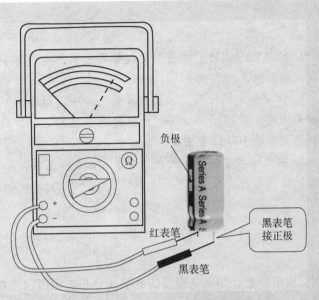

图 5-42　电容器的简易检测

表 5-6　检测结果说明

表针偏转情况	说明
∞　0 R×1k挡	表针先向右偏转，然后向左回摆到底（阻值无穷大处），说明电容器正常
∞　0 R×1k挡	表针先向右偏转，然后向左回摆不到底，而是停在某一刻度上，该阻值即电容器的漏电阻值。此值越小，说明漏电越严重
∞　0 R×1k挡	表针向右偏转到欧姆零位后不再回摆，说明电容器内部短路
∞　0 R×1k挡	表针无偏转和回转，说明电容器内部可能已断路，或电容量很小，不足以使表针偏转

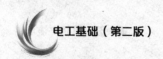

提示

1. 检测电容器时，手指不要接触到表笔和电容器引脚，以避免人体电阻对检测结果的影响。

2. 如果是在线检测大容量电容器，应在电路断电后，用导线将被测电容器的两个引脚相碰一下，放掉可能存在的电荷，对于容量很大的电容器则要串联 100 Ω 左右电阻来放电。

3. 由于小容量电容器的漏电阻很大，所以测量时应用 R×10 k 挡，这样测量结果较为准确。

4. 容抗

把电容器接到交流电源上，如果电容器的电阻和分布电感可以忽略不计，就可以把这种电路近似地看成是纯电容交流电路。

动手做

按图 5-43 所示连接实验电路，接通 5 V 直流电源，观察两灯泡现象。再改接 5 V、1 kHz 交流电源，观察两灯泡现象。

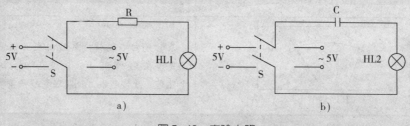

图 5-43　实验电路
a) 串联电阻实验电路　b) 串联电容实验电路

接 5 V 直流电源时，灯泡 HL1 正常发光；灯泡 HL2 瞬间微亮，随即熄灭，说明直流电不能通过电容。接 5 V、1 kHz 交流电源时，两只灯泡都亮，说明交流电能通过电容。

与电阻在电流通过时对电流有阻碍作用相似，电容在电流通过时对电流也有阻碍作用。电容对电流的阻碍作用称为**容抗**，用 X_C 表示，容抗的单位也是欧姆（Ω）。

 **动手做**

容抗的大小与哪些因素有关呢？下面继续进行实验。

1. 换用电容量更大的电容器来做实验，对比实验现象。
2. 保持电源电压大小不变，改变频率，对比实验现象。

通过实验可以发现：电容量越大，灯泡越亮，可见电容器的电容量越大，容抗越小；频率越高，灯泡越亮，可见交流电的频率越高，电容器的容抗越小。

容抗的计算式为

$$X_C = \frac{1}{\omega C} = \frac{1}{2\pi f C}$$

在直流情况下，$f=0$，$X_C \to \infty$，正是由于电容器对直流电的容抗太大了，所以直流电不能通过。

 想一想

容抗 X_C 和电阻 R 有何异同点？

 提示

电容器的容抗与电流频率的关系可以简单概括为：**隔直流，通交流，阻低频，通高频**。因此，**电容器也被称为高通元件**。

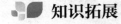 **知识拓展**

隔直电容器和旁路电容器

电容器在电子电路中应用很多。例如，有些前置放大器，从前级输出的信号中既有直流成分又有交流成分，如果后级放大器只需要其中的交流成分，只要在两级放大器之间串联一个电容器就可以了。起这种作用的电容器称为隔直电容器，如图 5-44a 所示。

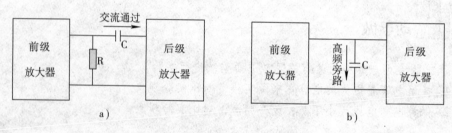

图5-44 隔直电容器和旁路电容器
a）隔直电容器 b）旁路电容器

还有些从前级放大器输出的信号中既有高频成分，又有低频成分，如果后级放大器只需要其中的低频成分，只要在下一级放大器的输入端并接一个电容器就可以了。起这种作用的电容器称为旁路电容器，如图5-44b所示。

想一想，图5-44a电路中隔直电容器的电容一般较大，图5-44b电路中旁路电容器的电容一般较小，这是为什么？

二、电流与电压的数量关系

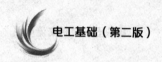

动手做

按图5-45所示连接电路，在保证正弦交流电源频率一定的条件下，改变信号源的电压值及电容值，测量相应的电流值。

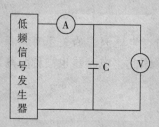

图5-45 分析纯电容交流电路中电流与电压数量关系的实验电路

分析实验数据可知，在纯电容交流电路中，电流与电压成正比，与容抗成反比，即

$$I = \frac{U_C}{X_C}$$

这就是纯电容交流电路欧姆定律的表达式。

 提示

在纯电容交流电路中，电流与电压的瞬时值之间不符合欧姆定律。

三、电流与电压的相位关系

 动手做

按图 5-46 所示连接实验电路。为了便于从示波器观察电流与电压的相位关系，在电容电路中串接一只取样电阻 R，输入交流信号后，将电容 C 和电阻 R 上的电压分别输入示波器的 CH-1、CH-2 两个信号通道（按下 CH-2 改变极性按键），观察波形特点。

通过实验可以看到 u_C 滞后 u_R 90°，如图 5-47 所示。由于通过电阻和电容的电流相等，而电阻两端的电压与电阻中通过的电流相位相同，可知电容两端的电压滞后电流（电流超前电压）90°。纯电容交流电路中电压和电流的相量图如图 5-48b 所示。

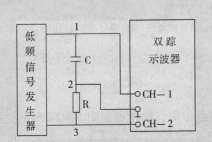

图 5-46　分析纯电容交流电路中电流与
　　　　　电压相位关系的实验电路

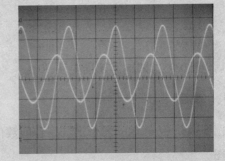

图 5-47　u_C 和 u_R 波形图

设电流 i 为参考正弦量，则电压 u_C 和电流 i 之间存在以下关系：

$$i = C \frac{\Delta u_C}{\Delta t}$$

纯电容交流电路中，电压与电流的波形图如图 5-48c 所示。由图可见，在 u_C 从零增加的瞬间，电压变化率 $\frac{\Delta u_C}{\Delta t}$ 最大，电流 i 的值也最大，随着电压的增加，电压变化率逐渐减小。当 u_C 达到最大值时，电压变化率 $\frac{\Delta u_C}{\Delta t}$ 为零，电流 i 也变为零。其余可类推。结果表明，

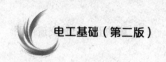

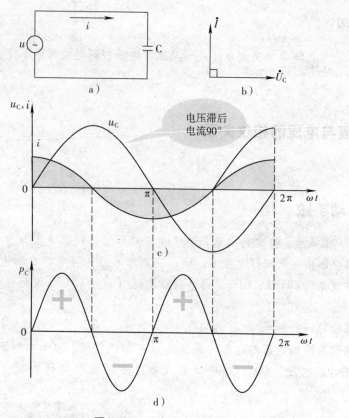

图5-48　纯电容交流电路

a）电路图　b）电压、电流相量图　c）电压、电流波形图　d）瞬时功率波形图

电压滞后电流 90°，即电流超前电压 90°。

四、功率

将图 5-48c 中 u_C 和 i 波形的同一瞬间数值逐点相乘，便可得到图 5-48d 所示的瞬时功率波形图。

与纯电感交流电路的分析方法相同，可知电容也是储能元件。瞬时功率为正值，说明电容从电源吸收能量转换为电场能储存起来；瞬时功率为负值，说明电容又将电场能转换为电能返还给电源。

纯电容交流电路的平均功率为零，说明纯电容交流电路不消耗能量。

纯电容交流电路的无功功率为

$$Q_C = U_C I = I^2 X_C = \frac{U_C^2}{X_C}$$

【例 5-4】电容量为 40 μF 的电容接在 $u = 220\sqrt{2}\sin\left(314t - \frac{\pi}{6}\right)$ V 的电源上，试求：

（1）电容的容抗。

（2）电流的有效值。

（3）电流的瞬时值表达式。

（4）电路的无功功率。

解：（1）电容的容抗

$$X_C = \frac{1}{2\pi f C} = \frac{1}{314 \times 40 \times 10^{-6}} \ \Omega \approx 80 \ \Omega$$

（2）电流的有效值

$$I = \frac{U}{X_C} = \frac{220}{80} \ A = 2.75 \ A$$

（3）电流的瞬时值表达式

$$i = 2.75\sqrt{2}\sin\left(314t + \frac{\pi}{3}\right) \ A$$

（4）电路的无功功率

$$Q_C = UI = 220 \times 2.75 \ var = 605 \ var$$

通过以上讨论可知，纯电容交流电路中：

（1）电容对交流电的阻碍作用用容抗表示，容抗 $X_C = \frac{1}{\omega C} = \frac{1}{2\pi f C}$。

（2）电流与电压的最大值及有效值之间符合欧姆定律。

（3）电压滞后电流 90°，电流 i 与电压的变化率 $\frac{\Delta u_C}{\Delta t}$ 成正比。

（4）电容是储能元件，它不消耗电能。纯电容交流电路的有功功率为零，无功功率等于电压有效值与电流有效值的乘积。

思考与练习

1. 在纯电容交流电路中，电流的相位超前于电压，是否意味着先有电流后有电压？

2. 在纯电容交流电路中，下列各式哪些正确？哪些错误？请把错误的改正过来。

（1）$I = fCU_C$　　（2）$i = \frac{U_C}{X_C}$　　（3）$I_m = \omega C U_{Cm}$　　（4）$Q_C = U_C I$

（5）$Q_C = U_C^2 \omega C$

3. 在纯电容交流电路中，增大电源频率时，其他条件不变，电路中电流将（　　）。

A. 增大　　　　B. 减小　　　　C. 不变

4. 在纯电容交流电路中，当电流 $i = \sqrt{2}I\sin\left(314t + \frac{\pi}{2}\right)$ A 时，电容上电压为（　　）。

A. $u_C = \sqrt{2}I\omega C\sin\left(314t + \frac{\pi}{2}\right)$ V

B. $u_C = \sqrt{2}I\omega C\sin 314t$ V

C. $u_C = \sqrt{2}I\frac{1}{\omega C}\sin\left(314t + \frac{\pi}{2}\right)$ V

D. $u_C = \sqrt{2}I\dfrac{1}{\omega C}\sin 314t$ V

5. 若电路中某元件两端的电压 $u = 36\sin(314t-180°)$ V，电流 $i = 4\sin(314t+180°)$ A，则该元件是（　　）。

    A. 电阻　　　　　　B. 电感　　　　　C. 电容

6. 若电路中某元件两端的电压 $u = 10\sin(314t+45°)$ V，电流 $i = 5\sin(314t+135°)$ A，则该元件是（　　）。

    A. 电阻　　　　　　B. 电感　　　　　　C. 电容

课题五　RLC 串联电路

 学习目标

1. 理解交流电路中电抗、阻抗和阻抗角的概念。
2. 了解 RLC 串联电路中电压与电流之间的关系。
3. 理解视在功率和功率因数的概念。
4. 了解 RLC 串联谐振电路的特点及应用。

 动手做

    由白炽灯、镇流器及电容组成一个 RLC 串联电路，如图 5-49 所示。分别测量 HL（R）、L、C 两端电压 U_R、U_L、U_C 和总电压 U，对比它们的关系。

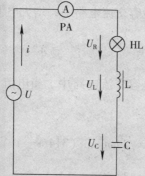

图 5-49　RLC 串联电路

由测量结果可知 $U_R+U_L+U_C \neq U$。这是为什么？它们应符合什么关系？

一、电压与电流的关系

RLC 串联电路的总电压瞬时值等于多个元件上电压瞬时值之和，即

$$u = u_R + u_L + u_C$$

对应的相量关系为

$$\dot{U} = \dot{U}_R + \dot{U}_L + \dot{U}_C$$

由于 u_R、u_L 和 u_C 的相位不同，所以总电压的有效值不等于各个元件上电压有效值之和。以电流 $\dot{I}$ 为参考相量，画出相量图，如图 5-50 所示。

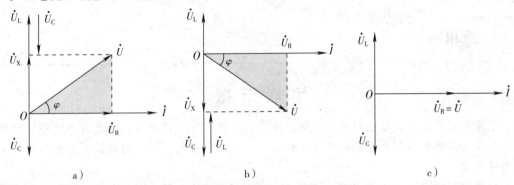

图 5-50 RLC 串联电路相量图
a) $U_L > U_C$，$\varphi > 0$ b) $U_L < U_C$，$\varphi < 0$ c) $U_L = U_C$，$\varphi = 0$

图中阴影部分是一个三角形，称为**电压三角形**，如图 5-50a 所示，它表明了 RLC 串联电路中总电压与分电压之间的关系。由电压三角形可以求出：

$$U = \sqrt{U_R^2 + (U_L - U_C)^2}$$

将 $U_R = IR$、$U_L = IX_L$、$U_C = IX_C$ 代入上式，可得

$$U = I\sqrt{R^2 + (X_L - X_C)^2} = I\sqrt{R^2 + X^2} = IZ$$

式中，$X = X_L - X_C$ 称为电抗，$Z = \sqrt{R^2 + X^2}$ 称为阻抗，单位是 Ω。图中，φ 称为阻抗角，它就是总电压与电流的相位差，即

$$\varphi = \arctan \frac{U_L - U_C}{U_R} = \arctan \frac{X_L - X_C}{R}$$

二、电路的电感性、电容性和电阻性

如图 5-50 所示，在 RLC 串联电路中，由于 R、L、C 参数以及电源频率 f 的不同，电路可能出现以下三种情况：

1. 电感性电路

当 $X_L > X_C$ 时，$U_L > U_C$，阻抗角 $\varphi > 0$，电路呈电感性，电压超前电流 φ 角。

2. 电容性电路

当 $X_L < X_C$ 时，$U_L < U_C$，阻抗角 $\varphi < 0$，电路呈电容性，电压滞后电流 φ 角。

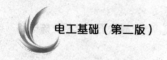

3. 谐振电路

当 $X_L = X_C$ 时，$U_L = U_C$，阻抗角 $\varphi = 0$，电路呈电阻性，且阻抗最小，电压和电流同相。电感和电容的无功功率恰好相互补偿。电路的这种状态称为**串联谐振**。也就是说，串联谐振的条件是 $X_L = X_C$，即

$$2\pi f_0 L = \frac{1}{2\pi f_0 C}$$

可得谐振频率

$$f_0 = \frac{1}{2\pi \sqrt{LC}}$$

 应用

串 联 谐 振

电路串联谐振时，电感和电容两端的电压有可能大于电源电压，在电力系统中，这种高电压有时会把电容器和线圈的绝缘材料击穿，造成设备的损坏，因此是绝不允许的，必须设法避免。

但在电子技术中，由于外来信号微弱，常常利用串联谐振来获得一个与电压频率相同，但大很多倍的电压，这就是串联谐振的选频作用。图 5-51 所示为收音机的输入回路。当各种不同频率的电磁波在天线上产生感应电流时，电流经过线圈 L1 感应到线圈 L2。如果想收听的电台频率为 700 kHz，只要调节 C，使 LC 串联谐振（L2 与 C 组成）频率也等于 700 kHz，这时在 LC 回路中该频率信号的电流最大，在电容器两端该频率信号的电压也最大，于是，便能收听到 700 kHz 这个电台的信号。而其他各种频率的信号，由于没有发生谐振，在回路中的电流很小，就被抑制掉了。

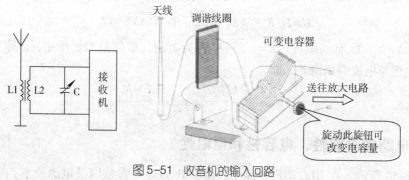

图 5-51 收音机的输入回路

三、功率

电压与电流有效值的乘积定义为**视在功率**，用 S 表示，单位为伏·安（V·A）。视在功率并不代表电路中消耗的功率，它常用于表示电源设备的容量。

负载消耗的功率要视实际运行中负载的性质和大小而定。在 RLC 串联电路中，只有电阻是消耗功率的，所以 RLC 串联电路的有功功率就是电阻上所消耗的功率，即

$$P = U_\text{R}I = UI\cos\varphi$$

由于电感和电容两端的电压在任何时刻都是反相的，所以它们的瞬时功率符号相反。当电感吸收能量时，电容放出能量，二者相互补偿的不足部分才由电源补充，所以电路的无功功率为电感和电容上无功功率之差，即

$$Q = Q_\text{L} - Q_\text{C} = (U_\text{L} - U_\text{C})\,I = UI\sin\varphi$$

视在功率 S 与有功功率 P 和无功功率 Q 的关系为

$$S = \sqrt{P^2 + Q^2} \qquad P = S\cos\varphi \qquad Q = S\sin\varphi$$

式中，$\cos\varphi = \dfrac{P}{S}$，称为**功率因数**，它是高压输电线路的运行指标之一，表示电源功率被利用的程度。

四、电压三角形、阻抗三角形和功率三角形

为了说明 RLC 串联电路中各量的数值关系并便于记忆，可以用三个相似的直角三角形来描述，如图 5-52 所示。这三个三角形分别称为电压三角形、阻抗三角形和功率三角形。电压三角形由电压相量图演变而来。

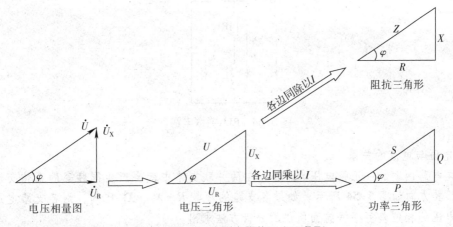

图 5-52　RLC 串联电路的三个三角形

 应用

RC 移相电路

在电子技术中常用电阻和电容串联组成 RC 移相电路，如图 5-53 所示。图 5-53a 所示电路中，输出电压滞后输入电压 φ；图 5-53b 所示电路中，输出电压超前输入电压 φ。

想一想：如果采用两级 RC 移相电路，可以实现 180° 移相吗？

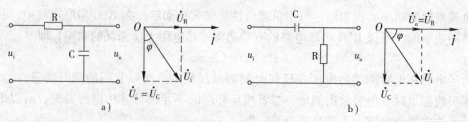

图 5-53　RC 移相电路
a）u_o 滞后 u_i　b）u_o 超前 u_i

RLC 并联电路

RLC 并联电路是电感线圈与电容器的并联电路。而实际电路中的电感线圈又相当于电阻、电感串联，这就构成了如图 5-54 所示的电阻 R 与电感 L 串联，再与电容 C 并联的电路。

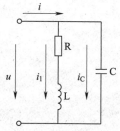

图 5-54　RLC 并联电路

1. 电压与电流的关系

设在电路两端加一正弦电压 u，那么在两并联支路中就会产生同频率的正弦交流电流 i_1 和 i_C，其方向如图 5-54 所示。如果各支路的参数 R、X_L、X_C 已知，则各支路电流的大小及与电压的相位差可根据前面所讲的分析方法求出。

第一支路（电阻、电感串联支路）电流 i_1 的有效值为

$$I_1 = \frac{U}{Z_1} = \frac{U}{\sqrt{R^2 + X_L^2}}$$

i_1 滞后于 u 的相位角为

$$\varphi_1 = \arctan \frac{X_L}{R}$$

第二支路（电容支路）电流 i_C 的有效值为

$$I_C = \frac{U}{Z_2} = \frac{U}{X_C}$$

i_C 超前于电压 u 的相位角为

$$\varphi_C = 90°$$

下面用相量图来分析总电流与总电压的数量关系和相位关系。

（1）相量图

电流的参考方向如图 5-54 所示，电路总电流与两分支电流的关系为

$$i = i_1 + i_C$$

其相量关系如图 5-55 所示。根据 i_1 与 i_C 的大小、相位不同，电路可能呈现电感性、电容性或电阻性三种不同的性质。

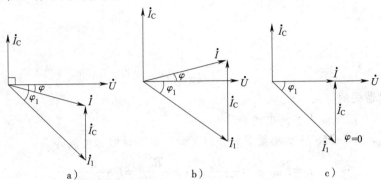

图 5-55　RLC 并联电路相量图

a）电感性　b）电容性　c）电阻性

根据相量图可以计算出，无论哪种情况，都有：

$$I = \sqrt{(I_1 \cos\varphi_1)^2 + (I_1 \sin\varphi_1 - I_C)^2}$$

总电流滞后电压的相位差：

$$\varphi = \arctan \frac{I_1 \sin\varphi_1 - I_C}{I_1 \cos\varphi_1}$$

（2）电路的三种性质

由以上分析可以看出，电路的性质与 $I_1 \sin\varphi_1 - I_C$ 的大小有关。

1）电感性电路

当 $I_1 \sin\varphi_1 - I_C > 0$ 时，总电压超前总电流，如图 5-55a 所示，φ 为正值，电路呈电感性。

2）电容性电路

当 $I_1 \sin\varphi_1 - I_C < 0$ 时，总电压滞后总电流，如图 5-55b 所示，φ 为负值，电路呈电容性。

3）谐振电路

当 $I_1 \sin\varphi_1 - I_C = 0$ 时，总电压和总电流同相位，如图 5-55c 所示，φ 为零，整个电路呈电阻性，总电流等于 $I_1 \cos\varphi_1$，这种情况称为电路发生**并联谐振**。

2. 并联谐振

（1）并联谐振的频率

因为

$$I_1 \sin\varphi_1 = \frac{U}{Z_1} \cdot \frac{X_L}{Z_1} = U \frac{X_L}{Z_1^2} = U \frac{\omega L}{R^2 + (\omega L)^2}$$

$$I_C = \frac{U}{X_C} = U\omega C$$

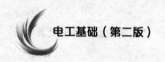

谐振时
$$\frac{\omega_0 L}{R^2 + (\omega_0 L)^2} = \omega_0 C$$

化简得
$$(\omega_0 L)^2 = \frac{L}{C} - R^2$$

一般情况下 $\frac{L}{C} \gg R^2$，则谐振角频率和谐振频率近似为

$$\omega_0 \approx \frac{1}{\sqrt{LC}}$$

$$f_0 \approx \frac{1}{2\pi\sqrt{LC}}$$

（2）并联谐振的特点

1）电路的总阻抗最大，总电流最小

根据前面对图 5-55c 所示相量图的分析可知，谐振时的总电流为

$$I_0 = I_1 \cos\varphi_1 = \frac{U}{\sqrt{R^2 + X_L^2}} \cdot \frac{R}{\sqrt{R^2 + X_L^2}} = U\frac{R}{R^2 + X_L^2}$$

此时电路的总电流最小，电路的总阻抗最大，即

$$Z_0 = \frac{U}{I_0} = \frac{R^2 + X_L^2}{R}$$

2）谐振时两支路可能产生过电流

由图 5-55c 可以看出，由于 φ_1 不同，并联谐振时，两条支路的电流可能会比总电流大许多倍，所以，并联谐振也称为 **电流谐振**。由于 $\varphi_1 = \arctan\frac{X_L}{R}$，又有品质因数 $Q = \frac{X_L}{R}$，则 $Q = \tan\varphi_1$，因此这个特性通常也用品质因数来描述。

（3）并联谐振的应用

并联谐振电路主要用来构造选频器或振荡器等，广泛用于电子设备中。图 5-56 所示为用并联谐振选择信号的原理图，当电路对电源某一频率谐振时，谐振回路呈现很大的阻抗，因而电路中的电流很小。这样在内阻上的压降也很小，于是在 A、B 两端就得到一个高电压输出。而对于其他频率，电路不发生谐振，阻抗较小，电流就较大，在内阻上的压降也较大，致使这些不需要的频率信号在 A、B 之间所形成的电压很低。这样便起到了选择信号的作用。收音机、电视机中的中频变压器就是由并联谐振电路构成的。

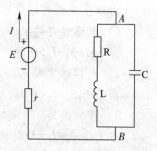

图 5-56　用并联谐振选择信号的原理图

思考与练习

1. 在图 5-57 中，交流电压表 PV、PV1 的读数分别为 5 V 和 4 V，则 PV2 的读数为（　　）V。

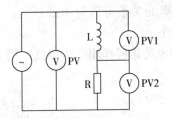

图 5-57 RL 串联电路

A. 9 B. 1 C. 5 D. 3

2. RLC 串联电路如图 5-58 所示，只有当（ ）时，其属于电感性电路。

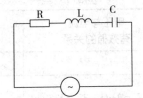

图 5-58 RLC 串联电路

A. $R=4\ \Omega$、$X_L=1\ \Omega$、$X_C=2\ \Omega$

B. $R=4\ \Omega$、$X_L=0$、$X_C=2\ \Omega$

C. $R=4\ \Omega$、$X_L=3\ \Omega$、$X_C=2\ \Omega$

D. $R=4\ \Omega$、$X_L=3\ \Omega$、$X_C=3\ \Omega$

本模块小结

1. 正弦交流电的解析式（瞬时值表达式），以电压为例，为

$$u = U_m \sin\ (\omega t + \varphi_0)\ = U_m \sin\ (2\pi f t + \varphi_0)$$

2. 最大值、角频率和初相位称为正弦交流电的三要素。与三要素相关的主要概念还

有：频率 $f = \dfrac{\omega}{2\pi}$；周期 $T = \dfrac{1}{f}$；有效值 $I = \dfrac{I_m}{\sqrt{2}}$、$U = \dfrac{U_m}{\sqrt{2}}$、$E = \dfrac{E_m}{\sqrt{2}}$；平均值 $I_p = \dfrac{2}{\pi} I_m$、$U_p = \dfrac{2}{\pi} U_m$、

$E_p = \dfrac{2}{\pi} E_m$。

3. 电感对交流电的阻碍作用称为感抗，用 X_L 表示，感抗的单位是欧姆（Ω）。感抗的计算式为

$$X_L = \omega L = 2\pi f L$$

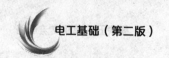

感抗与电流频率的关系可以简单概括为：通直流，阻交流，通低频，阻高频。因此，电感也称为低通元件。

4. 电容对交流电的阻碍作用称为容抗，用 X_C 表示，容抗的单位是欧姆（Ω）。容抗的计算式为

$$X_C = \frac{1}{\omega C} = \frac{1}{2\pi f C}$$

容抗与电流频率的关系可以简单概括为：隔直流，通交流，阻低频，通高频。因此，电容也称为高通元件。

5. 单一参数交流电路的特性见表 5-7。

表 5-7　单一参数交流电路的特性

电路	电压与电流有效值的关系	电压与电流的相位关系	功率
纯电阻交流电路	$U_R = RI$	同相	$P = U_R I$
纯电感交流电路	$X_L = 2\pi f L$,　$U_L = X_L I$	电压超前电流90°	$P = 0$ $Q_L = U_L I$
纯电容交流电路	$X_C = \dfrac{1}{2\pi f C}$,　$U_C = X_C I$	电压滞后电流90°	$P = 0$ $Q_C = U_C I$

6. 电容和电感都是储能元件。

7. 多个参数的交流电路中，电路总电压 $U = IZ$，有功功率 $P = UI\cos\varphi$，无功功率 $Q = UI\sin\varphi$，视在功率 $S = UI$，其中 $\cos\varphi$ 为功率因数。

8. 在 RLC 串联电路中，阻抗 $Z = \sqrt{R^2 + (X_L - X_C)^2}$。当 $X_L = X_C$ 时，电路总电流与总电压同相，电路呈电阻性，称为串联谐振。此时，阻抗最小，总电压最小，但电感和电容两端的电压会大大超过电源电压。

9. 串联谐振频率 $f_0 = \dfrac{1}{2\pi\sqrt{LC}}$。

模块六
三相交流电路

课题一　三相交流电源

 学习目标

1. 了解三相交流电的产生和特点。
2. 掌握三相电源绕组星形联结时线电压和相电压的关系。
3. 了解三相四线制和三相三线制供电方式。
4. 了解三相电源绕组三角形联结时线电压和相电压的关系。

　　观察电力供电线路所采用的架空线和电缆线，发现它们通常都是由三根线组成。工矿企业大量使用的三相异步电动机，在其接线盒的出线端，也要接入三根电源线，如图6-1b所示。

　　电力供电线路所输送的和三相异步电动机所接入的都是三相交流电。那么，什么是三相交流电呢？概括地说，三相交流电就是三个单相交流电按一定方式进行的组合，这三个单相交流电的频率相同，最大值相等，相位彼此相差120°。

　　目前电能的产生、输送和分配大都采用三相交流电。和单相交流电相比，三相交流电具有以下优点：

　　第一，三相交流发电机比体积相同的单相交流发电机输出的功率要大。

　　第二，三相交流发电机的结构不比单相交流发电机复杂多少，但使用、维护都比较方便，运转时比单相交流发电机的振动要小。

电源线

a)　　　　　　　　　　　　b)

图 6-1　三相输电线

a) 三相架空线　b) 三相异步电动机电源线

第三，在同样条件下输送同样大的功率，特别是在远距离输电时，三相输电比单相输电节约材料。

第四，从三相电力系统中可以很方便地获得三个独立的单相交流电。当有单相负载时，可使用三相交流电中的任意一相。

一、三相交流电动势的产生

图 6-2 所示为一种实验用简易三相交流发电机模型。

定子铁芯

黄色线圈

电磁铁
（转子）

红色线圈

绿色线圈

黄　绿　红

图 6-2　实验用简易三相交流发电机模型

 **想一想**

比较实验用简易三相交流发电机与单相交流发电机，指出它们在结构上的异同点。

在三组颜色不同的两个接线柱间各接入一只灯泡，摇动手柄，灯泡发亮。若将灯泡换成检流计，缓缓摇动手柄，会看到检流计指针来回摆动。这表明，发电机产生了三个交流电动势。

若接入的是三只检流计，还会发现，各指针的摆动并不同步。这表明，三个交流电动势的相位不同。

这三个交流电动势的大小和相位关系是由发电机本身的结构决定的。图 6-3 所示为三相交流发电机的原理图。与单相交流发电机相似，三相交流发电机也是由定子和转子组成的。转子是电磁铁，其磁极表面的磁场按正弦规律分布。定子铁芯中嵌放三个在尺寸、匝数和绕法上完全相同的绕组，三相绕组始端分别用 U1、V1、W1 表示，末端用 U2、V2、W2 表示，分别称为 **U 相**、**V 相**、**W 相**，三个绕组在空间位置上彼此相隔 120°。

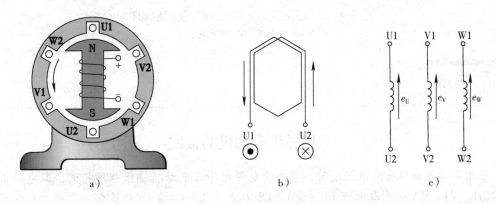

图 6-3　三相交流发电机的原理图

a）发电机结构　b）电枢绕组　c）三相绕组及其电动势

当转子在外力带动下以角速度 ω 做逆时针匀速转动时，三相定子绕组依次切割磁感线，产生三个对称的正弦交流电动势。电动势的参考方向选定为从绕组的末端指向始端，即电流从始端流出时为正，反之为负。

由图 6-3a 可见，当电磁铁的 N 极转到 U1 处时，U 相的电动势达到正的最大值。经过 120°后，电磁铁的 N 极转到 V1 处，V 相的电动势达到正的最大值。同理，再由此经过 120°后，W 相的电动势达到正的最大值，如此周而复始。这三相电动势的相位互差 120°。

若以 U 相为参考正弦量，可得三相正弦交流电动势 e_U、e_V、e_W 的解析式如下：

$$\begin{cases} e_U = E_m \sin(\omega t + 0°) \text{ V} \\ e_V = E_m \sin(\omega t - 120°) \text{ V} \\ e_W = E_m \sin(\omega t + 120°) \text{ V} \end{cases}$$

e_U、e_V、e_W 的波形图和相量图如图 6-4 所示。

三相对称交流电动势到达最大值的先后次序称为**相序**。如按 U →V →W →U 的次序循环称为**正序**；按 U →W →V →U 的次序循环则称为**负序**。

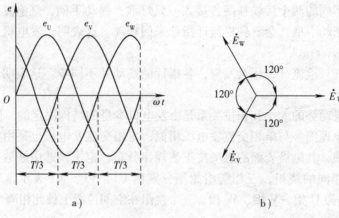

图6-4 三相正弦交流电动势的波形图和相量图
a）波形图 b）相量图

应用

三相异步电动机的接线

三相异步电动机接入电源线时，必须使电源相序与电动机绕组相序相同，即电动机出线端 U1、V1、W1 分别与电源 L1（黄）、L2（绿）、L3（红）相线连接，这样才能保证电动机旋转方向正确。如果按负序连接，则电动机旋转方向相反。

动手做

按图6-5所示电路接线，观察电动机的旋转方向。

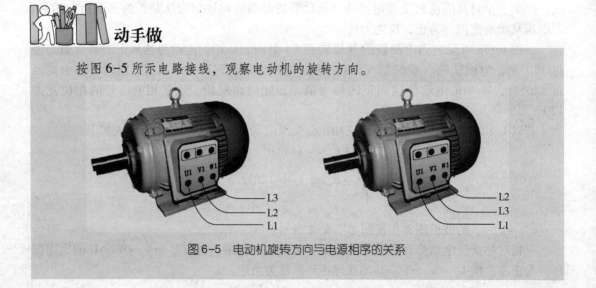

图6-5 电动机旋转方向与电源相序的关系

想一想

依据三相对称交流电动势的相量图判断 $\dot{E}_U + \dot{E}_V + \dot{E}_W = ?$

二、三相电源绕组的星形联结

上述发电机的每个绕组各接上一个负载,就得到三个独立的单相电路,如图 6-6 所示。这样要用六根导线,很不经济。实际上,三相电源通常都采用星形联结,如图 6-7a 所示。

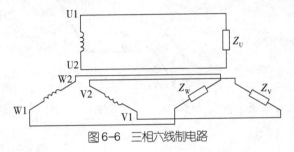

图 6-6 三相六线制电路

将三相交流发电机中三相绕组的末端 U2、V2、W2 连接在一起,成为一个公共点,始端 U1、V1、W1 引出线作输出线,这种连接方式称为**星形联结**,用 "Y" 表示。从三个绕组始端 U1、V1、W1 引出的三根线称为**相线**(俗称**火线**),用 **L1、L2、L3** 表示,并分别用**黄、绿、红**三种颜色作为标志。三个绕组的末端连接在一起,成为一个公共点,称为**中性点**,简称**中点**,用 **N** 表示。从中性点引出的输电线称为**中性线**,简称**中线**。中线通常与大地相接,并把接地的中性点称为**零点**,而把接地的中性线称为**零线**。工程上,零线或中线所用导线一般用蓝色表示。有时为了简便,常不画发电机的绕组连接方式,只画四根输电线表示相序,如图 6-7b 所示。

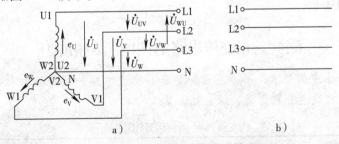

a) b)

图 6-7 电源绕组的星形联结

由三根相线和一根中线所组成的输电方式称为**三相四线制**,目前在低压供电系统中多数采用三相四线制供电。

相线与相线之间的电压称为电源的**线电压**,分别用 $\dot{U}_{UV}$、$\dot{U}_{VW}$、$\dot{U}_{WU}$ 表示,通用符号为 $\dot{U}_L$。规定线电压的参考方向是自 U 相指向 V 相,V 相指向 W 相,W 相指向 U 相。相线与中性点之间的电压称为电源的**相电压**,分别用 $\dot{U}_U$、$\dot{U}_V$、$\dot{U}_W$ 表示,通用符号为 $\dot{U}_P$。规

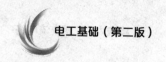

定相电压的参考方向为始端指向末端。

作出 $\dot{U}_U$、$\dot{U}_V$、$\dot{U}_W$ 的相量图，如图 6-8 所示，可得线电压与相电压之间的关系为

$$\dot{U}_{UV} = \dot{U}_U - \dot{U}_V \qquad \dot{U}_{VW} = \dot{U}_V - \dot{U}_W \qquad \dot{U}_{WU} = \dot{U}_W - \dot{U}_U$$

又因为 $\dot{U}_{UV} = \dot{U}_U - \dot{U}_V = \dot{U}_U + (-\dot{U}_V)$，在图中作出 $-\dot{U}_V$，利用几何方法可以求出三个线电压，它们也是对称三相电压，其有效值为

$$U_L = \sqrt{3}\, U_P$$

从图 6-8 可以看出，**线电压总是超前于对应的相电压 30°**。

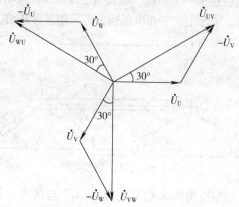

图 6-8　三相四线制线电压与相电压的相量图

发电机（或变压器）的绕组接成星形，采用三相四线制供电，可以提供两种对称三相电压，一种是对称的相电压，另一种是对称的线电压。目前，电力电网的低压供电系统中的线电压为 380 V，相电压为 220 V，常写作"电源电压 380 V/220 V"。

动手做

测量三相交流电路的线电压和相电压

按照表 6-1 中的要求，用万用表测量三相交流电路的线电压和相电压。图中四根导线从左向右颜色分别为黄、绿、红、蓝。

表 6-1　相电压与线电压的测量

项目	从实验台三相四孔插座测量	从配电箱接线柱测量
测量相电压（万用表置交流250 V电压挡）		

续表

项目	从实验台三相四孔插座测量	从配电箱接线柱测量
测量线电压 （万用表置交流 500 V 电压挡）		

实际应用中，通常在三相四线制的基础上，另增加一根专用保护线（称为**保护零线**，也称**接地线**）与接地网相连，从而更好地起到保护作用，如图 6-9 所示。保护零线一般用**黄绿相间色**作为标志，用 PE 表示。相应地，原三相四线制中的零线一般称为工作零线。

工作生活中日常使用的单相交流电都是由上述供电系统得来的。其中，取三根相线中的一根为相线，同时保留工作零线和保护零线。按照规范，单相三孔插座的接线必须遵循"**左零（N）右相（L）上接地（PE）**"的原则，单相两孔插座不接保护零线，遵循"**左零（N）右相（L）**"的原则，如图 6-10 所示。

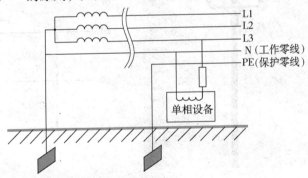

图6-9　增加保护零线的三相四线制供电

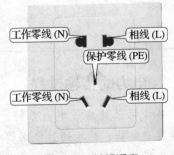

图6-10　单相插座

图 6-11 所示为增加保护零线的三相四线制供电系统示意图。

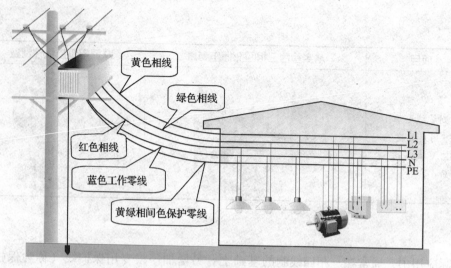

图 6-11　增加保护零线的三相四线制供电系统示意图

标注文字：黄色相线、绿色相线、红色相线、蓝色工作零线、黄绿相间色保护零线、L1、L2、L3、N、PE

三相电源绕组星形联结时，中线不引出，由三根相线对外供电的方式，称为三相三线制供电，如图 6-12 所示。三相三线制供电只能向三相用电器供电，提供线电压，不能向单相用电器供电，主要用于高压输电线路和低压动力线路。

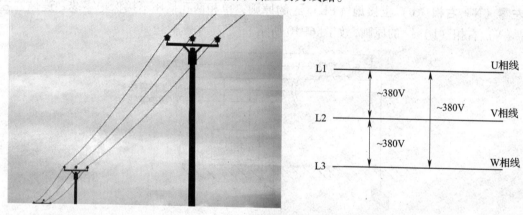

图 6-12　三相三线制供电

标注文字：L1、L2、L3、U相线、V相线、W相线、~380V、~380V、~380V

知识拓展

电力的传输过程

电力从产生、传输到使用的各个环节构成了电力系统，如图 6-13 所示。在电力系统中，发电厂把非电形式的能量转换成电能，然后通过电网将电能传输和分配到最终用户。

根据所利用能源的不同，发电厂分为水力发电厂、火力发电厂、核能发电厂、风力发电厂、太阳能发电厂等类型。我国发电厂发出的电一般都是三相交流电，电压等级主要有 10.5、13.8、15.75、18 kV 等。

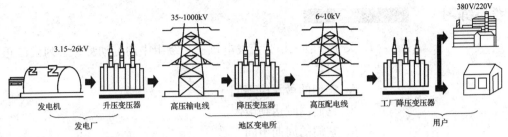

图 6-13 电力系统示意图

发电厂发出电能后，通过升压变压器将电压升高后再通过高压输电线路进行远距离输送，以减小线路上电压降和功率损耗。目前，我国国家标准中规定的输电电压等级有 35、110、220、330、500、1 000 kV 等。输送电能通常采用三相三线制交流输电方式。在靠近用户一侧，再通过降压变压器适当降压后向最终用户供电。

输配电线路电压都很高，因此在线路附近禁止放风筝，更不能向电线、瓷绝缘子和变压器上扔杂物。

三、三相电源绕组的三角形联结

将三相电源内每相绕组的末端和另一相绕组的始端依次相连的连接方式，称为电源的三角形联结，用"△"表示，如图 6-14 所示。

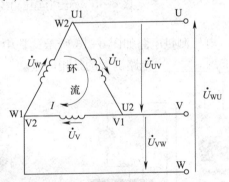

图 6-14 电源绕组的三角形联结

在图 6-14 中可以明显看出，三相电源绕组作三角形联结时，线电压就是相电压，即其有效值为

$$U_L = U_P$$

若三相电动势对称，则三角形闭合回路的总电动势等于零，即

$$\dot{E} = \dot{E}_U + \dot{E}_V + \dot{E}_W = 0$$

由此可以得出，这时电源绕组内部不存在环流。但若三相电动势不对称，则回路总电动势就不为零，此时即使外部没有负载，也会因为各绕组本身的阻抗均较小，使闭合回路内产生很大的环流，这将使绕组过热，甚至烧毁。因此，三相交流发电机绕组一般不采用三角形联结而采用星形联结。

思考与练习

1. 关于一般三相交流发电机三个绕组中的电动势，下列说法正确的是（　　）。

　　A. 它们的最大值不同

　　B. 它们同时达到最大值

　　C. 它们的周期不同

　　D. 它们达到最大值的时间依次落后 1/3 周期

2. 已知相电压 $u_U = 220\sqrt{2}\sin 314t$ V，按习惯相序在图 6-15 中标出所有的相电压和线电压，写出其余两个相电压和三个线电压的解析式。

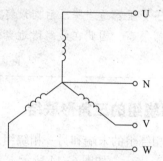

图 6-15　标出相电压和线电压

3. 电压测量电路如图 6-16 所示，其中，_____电路测量的是线电压，_____电路测量的是相电压。

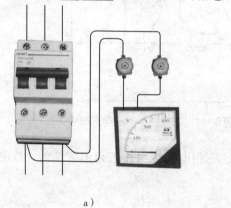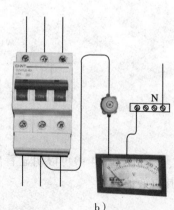

图 6-16　电压测量电路

4. 三相异步电动机接线如图 6-17 所示，若按图 6-17a 所示，电动机是正转，则图 6-17b 所示电动机为_____转，图 6-17c 所示电动机为_____转。

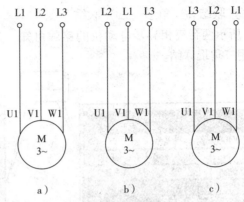

图 6-17　三相异步电动机接线

课题二　三相负载的连接方式

学习目标

1. 理解三相负载作星形联结和三角形联结时，负载相电压与线电压以及相电流与线电流的关系。
2. 理解中线的作用。
3. 了解三相对称负载功率的计算方法。

接在三相电源上的负载统称为**三相负载**。如果各相负载的电阻、电抗相同，则称为**三相对称负载**，如三相电动机、三相变压器、三相电阻炉等。如果各相负载不同，则称为**三相不对称负载**，如三相照明电路中的负载。

想一想

三相负载的阻抗相等，能肯定它们就是对称负载吗？为什么？

使用任何电气设备，均要求负载承受的电压不能超过它的额定电压，所以负载要采用一定的连接方式，以满足负载对电压的要求。与三相电源相似，三相负载的连接方式也有

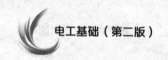

两种：星形（丫）联结和三角形（△）联结。

由图6-18所示两台三相异步电动机的铭牌可知，其中一台电动机采用星形联结，另一台电动机采用三角形联结。

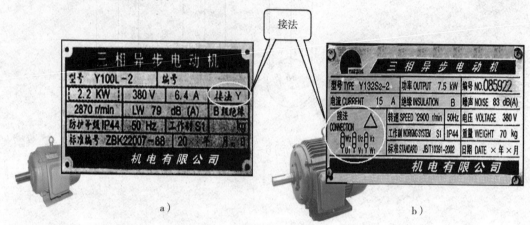

图6-18　两台三相异步电动机的铭牌

一、三相负载的星形联结

把三相负载分别接在三相电源的一根相线和中线之间的接法称为三相负载的星形联结，如图6-19a所示。图中Z_U、Z_V、Z_W为各负载的阻抗值，N′为负载的中性点。

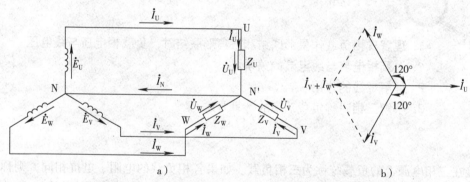

图6-19　三相负载的星形联结及电流相量图
a）三相负载的星形联结　b）电流相量图

负载两端的电压称为负载的相电压。当三相负载作星形联结时，如果忽略输电线上的电压降，负载的相电压就等于电源的相电压，电源的线电压为负载相电压的$\sqrt{3}$倍，即

$$U_L = \sqrt{3}\,U_{YP}$$

式中，U_{YP}表示负载作星形联结时的相电压。线电压的相位超前相应的相电压30°。

流过每根相线的电流称为**线电流**，其方向规定为由电源流向负载；流过每相负载的电流称为**相电流**，其方向规定为与相电压方向一致；流过中线的电流称为**中线电流**，其方向规定为由负载中性点N′流向电源中性点N。

显然，三相负载作星形联结时，线电流等于相电流，即

$$I_{YL} = I_{YP}$$

若三相负载对称，则各负载中的相电流也相等，而且三个相电流的相位差也互为 120°。

中线电流为各相电流的相量和，由图 6-19b 所示电流相量图很容易得出：三个相电流的相量和为零，即

$$\dot{I}_N = \dot{I}_U + \dot{I}_V + \dot{I}_W = 0$$

【例 6-1】 已知加在星形联结的三相异步电动机上的对称电源线电压为 380 V，每相电阻为 6 Ω，感抗为 8 Ω，求流入电动机每相绕组的相电流及各线电流。

解：电路参照图 6-19，由于电源电压对称，各相负载也对称，则各相电流应相等。

因为

$$U_{YP} = \frac{U_L}{\sqrt{3}} = \frac{380}{\sqrt{3}} \text{ V} = 220 \text{ V}$$

$$Z = \sqrt{R^2 + X^2} = \sqrt{6^2 + 8^2} \ \Omega = 10 \ \Omega$$

所以

$$I_{YP} = \frac{U_{YP}}{Z} = \frac{220}{10} \text{ A} = 22 \text{ A}$$

$$I_{YL} = I_{YP} = 22 \text{ A}$$

动手做

三相负载的星形联结

1. 取"220 V/25 W"灯泡 6 只、0~1 A 交流电流表 4 只及开关、导线等，按图 6-20 所示连接实验电路。

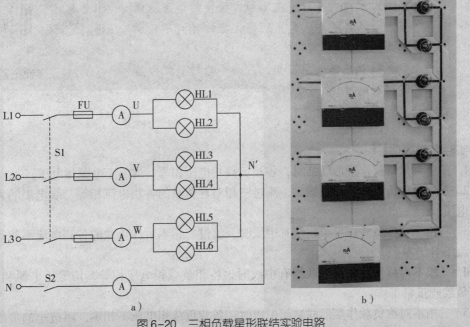

图 6-20　三相负载星形联结实验电路

a）原理图　b）实物图

2. 经检查无误后，合上开关 S1 和 S2，测量负载端各相电压、线电压和线电流的数值，并观察灯泡亮度是否相同。

3. 断开中线开关 S2，重复上述测量，并观察灯泡亮度，注意与有中线时相比有无变化。

4. 断开开关 S1，将 U 相负载的灯泡改为一只，其他两相仍为两只。先合上 S2，再合上 S1，重复第 2 项测量内容，并观察各相灯泡的亮度。

5. 将中线开关 S2 断开，重复第 2 项测量内容，并观察哪一相灯泡最亮。

 提示

实验第 5 项，作无中线不对称三相负载连接时，由于某相电压要高于灯泡的额定电压，所以动作要迅速，测量完应立即断开 S1 开关，或通过三相调压器（图 6-21）将 380 V 线电压降为 220 V 线电压使用。

使用调压器的注意事项如下：

1. 使用前必须检查电网电压与输入电压规定值是否一致。输入端（A、B、C）和输出端（a、b、c）切记不可接反。

2. 调压器应连接保护接地线。

3. 通电前指针应在零位，缓慢转动手轮调节至所需电压，从零升到最大值的时间不应少于 5 s。

4. 调压器使用完毕，应将手轮转到零位后再切断电源。

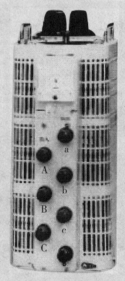

图 6-21　三相调压器

实验结果表明：

1. 三相对称负载作星形联结时，各相负载相电压相等，均等于电源相电压。

2. 三相对称负载作星形联结时，流过三相对称负载的各相电流相等，线电流的大小等于相电流。

3. 三相不对称负载作星形联结有中线时，流过三相不对称负载的各相电流不相等，中线电流不等于零。

4. 三相不对称负载作星形联结有中线时，各相负载相电压相等，均等于电源相电压，各相负载能正常工作。

5. 三相不对称负载作星形联结无中线时，各相负载相电压不相等，阻抗小的负载相电压减小，阻抗大的负载相电压增大，各相负载不能正常工作。

应用

三相电路的中线

　　在三相四线制供电系统中，三相对称负载作星形联结时中线电流为零，因此取消中线也不会影响三相负载的正常工作，三相四线制实际变成了三相三线制。通常在高压输电时，由于三相负载都是对称的三相变压器，所以都采用三相三线制。低压供电系统中的动力负载也采用这种供电方式。

　　在低压供电系统中，由于三相负载经常变动（如照明电路中的灯具经常要开和关），是不对称负载，各相电流的大小不一定相等，相位差也不一定为120°，中线电流也不为零，中线不能取消。这时，只有当中线存在时，它才能保证三相电路成为三个互不影响的独立回路。不会因负载的变动而相互影响。但是当中线断开后，各相电压就不再相等了。阻抗较小的相电压低，阻抗较大的相电压高，这可能烧坏接在相电压升高线路中的电器。所以**在三相负载不对称的低压供电系统中，不允许在中线上安装熔断器或开关**，以免中线断开引起事故。当然，要力求三相负载平衡以减小中线电流。如在三相照明电路中，安装时应尽量使各相负载接近对称，此时中线电流一般小于各相电流，中线导线可以选用比三根相线截面小一些的导线。

二、三相负载的三角形联结

　　把三相负载分别接在三相电源每两根相线之间的接法称为三相负载的三角形联结，如图6-22a所示。在三角形联结中，由于各相负载是接在两根相线之间，因此不论负载是否对称，各相负载的相电压均与电源的线电压相等，即

$$U_{\triangle P} = U_L$$

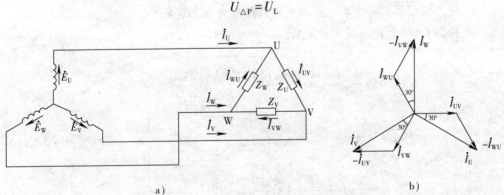

图6-22　三相负载的三角形联结及电流相量图

a）三相负载的三角形联结　b）电流相量图

　　图6-22a中所标 $\dot{I}_U$、$\dot{I}_V$、$\dot{I}_W$ 为线电流，$\dot{I}_{UV}$、$\dot{I}_{VW}$、$\dot{I}_{WU}$ 为相电流。图6-22b是以 $\dot{I}_{UV}$ 的初相位为零作出的相量图。从相量图可求得三个相电流和三个线电流都是数值相等且相位互差120°的三相对称电流。线电流和相电流的关系为

$$I_{\triangle L} = \sqrt{3}\, I_{\triangle P}$$

从图 6-22b 可以看出，线电流总是滞后于相应的相电流 30°。

【**例 6-2**】 将例 6-1 中电动机三相绕组改为三角形联结后，接入电源，其他条件不变。求各相电流、线电流的大小，并与星形联结时作比较。

解：阻抗

$$Z = \sqrt{R^2 + X^2} = \sqrt{6^2 + 8^2}\ \Omega = 10\ \Omega$$

在三角形联结中，负载的相电压等于电源的线电压，因而

$$I_{\triangle P} = \frac{U_{\triangle P}}{Z} = \frac{380}{10}\ A = 38\ A$$

$$I_{\triangle L} = \sqrt{3}\, I_{\triangle P} \approx 66\ A$$

现在再来求一下电动机三相绕组分别接成三角形联结和星形联结时，相应的相电流、线电流的比值：

$$\frac{I_{\triangle P}}{I_{YP}} = \frac{38}{22} \approx \sqrt{3}$$

$$\frac{I_{\triangle L}}{I_{YL}} = \frac{66}{22} = 3$$

即电动机三相绕组接成三角形联结时的相电流是接成星形联结时相电流的 $\sqrt{3}$ 倍，接成三角形联结时的线电流是接成星形联结时线电流的 3 倍。

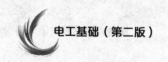 **动手做**

三相负载的三角形联结

1. 通过调压器，将实验台三相电源线电压调为 220 V。
2. 按图 6-23 所示连接实验电路。

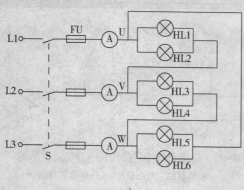

a ）

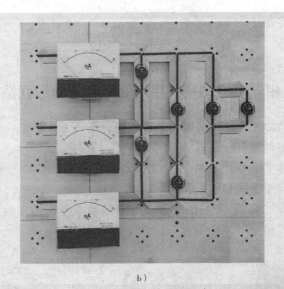

b)

图6-23　三相负载三角形联结实验电路

a）原理图　b）实物图

3. 检查无误后，合上电源开关S，测量线电流。然后改接电路，将电流表串联在相路中，测量相电流，同时观察各相灯泡亮度是否相同。

4. 断开开关S，将U相负载的灯泡改为一只，其他两相仍为两只。重复第3步测量内容，并观察各相灯泡的亮度。

实验结果表明：

1. 三相对称负载作三角形联结时，各相负载相电压等于电源线电压，三根相线的线电流相等，三相负载的相电流相等。

2. 三相不对称负载作三角形联结时，各相负载相电压均等于电源线电压，三根相线的线电流不相等，三相负载的相电流不相等。

 应用

星形联结与三角形联结的选择

三相对称负载作三角形联结时的相电压是作星形联结时相电压的$\sqrt{3}$倍。因此，三相负载接到电源中，是作三角形联结还是作星形联结，要根据负载的额定电压而定。例如，对"380 V/220 V"三相电源来说，当三相负载的额定电压为220 V时，应采用星形联结；当三相负载的额定电压为380 V时，应采用三角形联结。

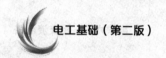动手做

三相异步电动机的星形联结和三角形联结

三相异步电动机的定子绕组共有六个出线端引出机壳，接在机壳上的接线盒中，每相绕组的首末端用符号 U1—U2、V1—V2、W1—W2 标记。

在图 6-24a 所示实验板上，按图 6-24b 所示完成电动机定子绕组的星形联结，接通电源后用万用表测量其相电压及线电压。

断电后，按图 6-24c 所示将其改为三角形联结。再次通电后，重复上述各项测量。

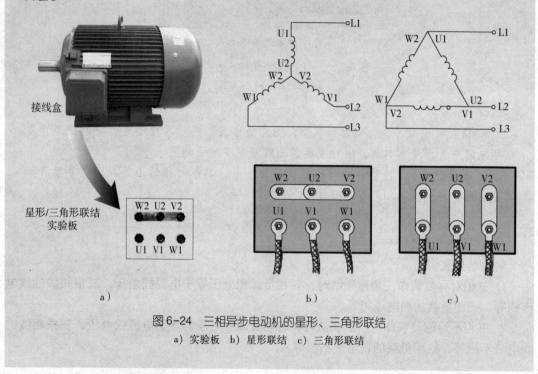

图 6-24　三相异步电动机的星形、三角形联结
a）实验板　b）星形联结　c）三角形联结

三、三相负载的功率

在三相交流电路中，三相负载的有功功率为各相负载的有功功率之和，即

$$P = P_U + P_V + P_W$$

在三相对称电路中，各相负载的相电压、相电流的有效值相等，功率因数也相等，因而总有功功率为一相有功功率的 3 倍，即

$$P = 3P_P = 3U_P I_P \cos\varphi_P$$

在实际工作中，测量线电流比测量相电流要方便（指三角形联结的负载），因此三相负载功率的计算式通常用线电流、线电压来表示。

当对称负载作星形联结时，有功功率为

$$P_\text{Y} = 3U_\text{YP}I_\text{YP}\cos\varphi_\text{P} = 3\frac{U_\text{L}}{\sqrt{3}}I_\text{YL}\cos\varphi_\text{P} = \sqrt{3}\,U_\text{L}I_\text{YL}\cos\varphi_\text{P}$$

当对称负载作三角形联结时，有功功率为

$$P_\triangle = 3U_{\triangle\text{P}}I_{\triangle\text{P}}\cos\varphi_\text{P} = 3U_\text{L}\frac{I_{\triangle\text{L}}}{\sqrt{3}}\cos\varphi_\text{P} = \sqrt{3}\,U_\text{L}I_{\triangle\text{L}}\cos\varphi_\text{P}$$

即三相对称负载不论作星形联结还是三角形联结，其总有功功率均为

$$P = \sqrt{3}\,U_\text{L}I_\text{L}\cos\varphi_\text{P}$$

提示

上式中 φ_P 仍是负载相电压与相电流之间的相位差，而不是线电压与线电流之间的相位差。另外，负载作三角形联结时的线电压和线电流并不等于作星形联结时的线电压和线电流。

同理，可得三相对称负载的无功功率和视在功率的计算式，它们分别为

$$Q = \sqrt{3}\,U_\text{L}I_\text{L}\sin\varphi_\text{P}$$

$$S = \sqrt{3}\,U_\text{L}I_\text{L}$$

【例6-3】工业电阻炉常通过改变电阻丝的接法来控制功率大小，达到调节炉内温度的目的。有一台三相电阻炉，每相电阻 $R = 11\ \Omega$，求：

（1）在380 V线电压下，分别采用星形联结和三角形联结时所消耗的功率。

（2）在220 V线电压下，采用三角形联结时所消耗的功率。

解：（1）星形联结时的线电流为

$$I_\text{YL} = I_\text{YP} = \frac{U_\text{YP}}{R} = \frac{U_\text{L}}{\sqrt{3}R} = \frac{380}{\sqrt{3}\times 11}\ \text{A} \approx 20\ \text{A}$$

星形联结时的功率为

$$P_\text{Y} = \sqrt{3}\,U_\text{L}I_\text{YL}\cos\varphi_\text{P} = \sqrt{3}\times 380\times 20\times 1\ \text{W} \approx 13.2\ \text{kW}$$

三角形联结时的线电流为

$$I_{\triangle\text{L}} = \sqrt{3}\,I_{\triangle\text{P}} = \sqrt{3}\frac{U_{\triangle\text{P}}}{R} = \sqrt{3}\frac{U_\text{L}}{R} = \sqrt{3}\times\frac{380}{11}\ \text{A} \approx 60\ \text{A}$$

三角形联结时的功率为

$$P_\triangle = \sqrt{3}\,U_\text{L}I_{\triangle\text{L}}\cos\varphi_\text{P} = \sqrt{3}\times 380\times 60\times 1\ \text{W} \approx 39.5\ \text{kW}$$

（2）$P_\triangle = \sqrt{3}\,U_\text{L}I_{\triangle\text{L}}\cos\varphi_\text{P} = \sqrt{3}\times 220\times\left(\sqrt{3}\times\frac{220}{11}\right)\times 1\ \text{W} = 13.2\ \text{kW}$

由上面例题可以得出以下两点结论：

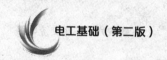

第一，在线电压不变时，负载作三角形联结时的功率为作星形联结时功率的 3 倍。

第二，只要每相负载所承受的相电压相等，那么不管负载接成星形还是三角形，负载所消耗的功率均相等。例如，有的三相电动机有两种额定电压，在其铭牌上写有"220/380—△/丫"。这表示这台电动机可在电压 220 V 下接成三角形，或者在线电压 380 V 下接成星形，两者功率不变。

思考与练习

1. 指出图 6-25 中各负载的连接形式和供电方式。

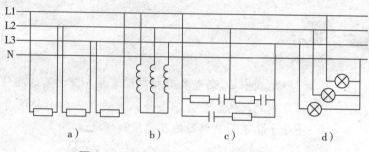

图 6-25　判断负载的连接方式和供电方式

2. 三相负载接到三相电源中，若各相负载的额定电压等于电源的线电压，负载应作_____联结；若各相负载的额定电压等于电源线电压的 $\dfrac{1}{\sqrt{3}}$，负载应作_____联结。

3. 判断图 6-26 中钳形电流表在不同位置分别测量的是什么电流。

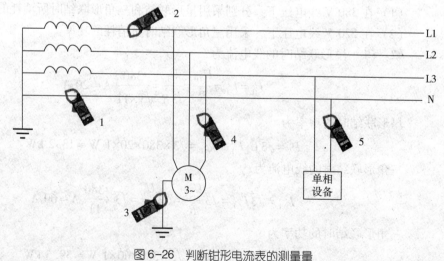

图 6-26　判断钳形电流表的测量量

4. 图 6-27 所示电路中，线电压 $U_L = 380$ V，3 只"220 V/40 W"的白炽灯作星形联结，若将开关 SA 闭合和断开，对灯泡 HL2 和灯泡

HL3 的亮度有无影响？如果取消中线 N，将开关 SA 闭合和断开，各灯泡的亮度将如何变化？

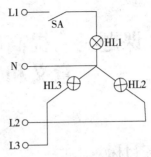

图 6-27　三相负载的星形联结

5. 在相同的线电压作用下，同一台三相异步电动机作三角形联结所取用的功率是作星形联结所取用功率的（　　　）。作三角形联结时的线电流是作星形联结时线电流的（　　　）。

A. $\sqrt{3}$ 倍

B. 1/3

C. $1/\sqrt{3}$

D. 3 倍

6. 三相异步电动机的接线盒如图 6-28 所示，三相电源线电压为 380 V。则：

（1）应如何连接才能使额定电压为 220 V 的电动机正常工作？

（2）应如何连接才能使额定电压为 380 V 的电动机正常工作？

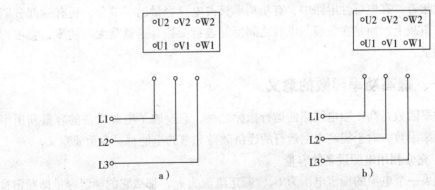

图 6-28　三相异步电动机的接线盒
a）额定电压为 220 V 的电动机的接线
b）额定电压为 380 V 的电动机的接线

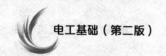
课题三　提高功率因数的意义和方法

学习目标

1. 了解提高功率因数对于节约电能和提高供电质量的重要意义。
2. 了解提高功率因数的常用方法。
3. 了解感性负载并接电容器提高功率因数的实际应用。

　　某企业为用电大户，在每月用电负荷相同的情况下，采用并接电容器的补偿方法后，所交电费比以前明显减少，这是为什么呢？这就涉及提高功率因数的问题。

　　企业所用交流设备多为感性负载，如电动机、变压器、感应加热炉、电磁铁、高压汞灯、高压钠灯等。计算它们的有功功率应用下式：

$$P = UI\cos\varphi$$

　　式中，$\cos\varphi$ 为**功率因数**。对于纯电阻负载，$\cos\varphi = 1$。感性负载的功率因数 $\cos\varphi < 1$，这就意味着，在电感性电路中，有功功率只占电源容量的一部分，还有一部分能量并没有消耗在负载上，而是在负载与电源之间反复进行交换，这就是无功功率，它占用了电源的部分容量。

一、提高功率因数的意义

　　功率因数是高压输电线路的运行指标之一，它反映了电源设备的容量利用率。提高用户的功率因数，对于提高电网运行的经济效益和节约电能都具有重要意义。

1. 充分利用电源设备的容量

　　如果一个电源的额定电压为 U_N，额定电流为 I_N，那么它的额定容量即额定视在功率：

$$S_N = U_N I_N$$

　　设电源容量为 $S_N = 40$ kV·A，可带 40 W 的荧光灯（$\cos\varphi = 0.4$）400 只，如果是带 40 W 的白炽灯（$\cos\varphi = 1$），就能带 1 000 只。

　　又如，某用户所需有功功率为 100 kW，当功率因数为 0.5 时，需 200 kV·A 的变压器；如果将功率因数提高到 0.9，变压器的容量只需稍大于 110 kV·A。

　　可见，提高电路的功率因数，可以使电源设备的容量得到充分利用，使用同等容量的供电设备可以向用户提供更多的有功功率。

2. 减小输电线路的功率损耗

输电线路本身具有一定阻抗，在电源电压一定的情况下，对于相同功率的负载，功率因数越低，电流越大，输电线路上电压降和功率损耗也越大。

例如，"220 V/40 W"的白炽灯电流为 0.18 A，而"220 V/40 W"的荧光灯，因其 $\cos\varphi = 0.4$，所以电流为 0.455 A，比前者大得多，显然，经过线路电阻带来的电压降和功率损耗也要大得多。

如果输电线路上的电压降过大，还会使负载的端电压随之减小，造成电网末端的用电设备长期处于低压运行状态，影响其正常工作。为了减少电能损耗，改善供电质量，就必须提高功率因数。

二、提高功率因数的方法

1. 提高设备自身功率因数

异步电动机和变压器是占用无功功率最多的电气设备，当异步电动机和变压器实际负荷比其额定容量低许多时，功率因数将急剧下降。要提高功率因数就要合理选用异步电动机和变压器，使它们的容量与负载相配合，接近满载运行，避免"大马拖小车"的现象。

此外，还要合理安排工艺流程，改善电气设备运行方式，尽量不要让电焊机、机床电动机等空载运行；对于负载有变化且经常处于轻载运行状态的电动机，在运行过程中，采用△—Y接线的自动转换，使电路的功率因数提高。

2. 并接电容器补偿

如果采用提高设备自身功率因数措施后，仍达不到供电部门规定的标准，就必须采用补偿装置以改善功率因数。常采用的方法是并接电容器补偿，即在电动机、变压器等感性负载两端并联合适的电容器来提高电路的功率因数。

如图 6-29a 所示，将电力电容器与感性负载并联，设感性负载原功率因数为 $\cos\varphi$。并接电力电容器后，总电流由 I 减小到 I'，电路的功率因数也由 $\cos\varphi$ 提高到 $\cos\varphi'$，如图 6-29b 所示。

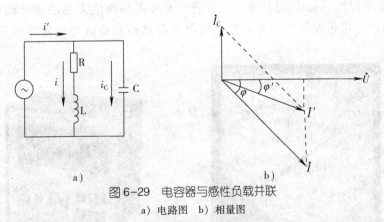

图 6-29　电容器与感性负载并联
a）电路图　b）相量图

在工厂供配电系统中，常采用个别补偿（图 6-30a）、分组补偿、集中补偿（图 6-30b）等不同的补偿方式。其中，集中补偿方式初投资较少，且便于控制和维护，所以应用更为广泛。

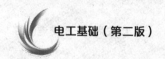

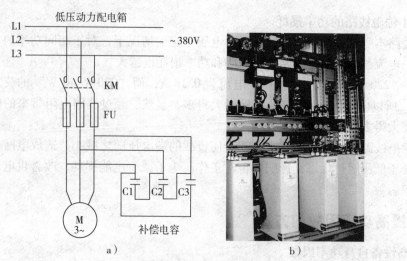

图6-30　设备并接电容器补偿

a）个别补偿　b）集中补偿

动手做

　　参观配电房，认识有功功率表、无功功率表和功率因数表，了解并接电容器提高功率因数的实际应用。

　　并接电容器的容量越大，功率因数提高越多。但并不要求把功率因数补偿到1，一般达到0.9以上即可，如图6-31所示。如果要使电路功率因数接近1，所需电容器容量很大，这将大大增加设备投资，如果电容器的容量过大，造成"过补偿"，会使电路变成电容性，功率因数$\cos\varphi$反而会降低。目前，大多采用智能无功功率自动补偿控制器，如图6-32所示，可根据无功功率的变化情况，自动控制投入的电容器数量，以实现最佳补偿。

图6-31　指针式功率因数表

图6-32　智能无功功率自动补偿控制器

🔲 知识拓展

供电部门对企业用电大户，不仅要计量有功电能，还要计量无功电能。每月得出累计数后，按下式计算月平均功率因数，即

$$月平均功率因数 = \frac{月有功电能表读数}{\sqrt{月有功电能表读数^2 + 月无功电能表读数^2}}$$

同时，规定了相应的功率因数标准，高于标准者减收电费，低于标准者增收电费。

思考与练习

1. 根据图 6-31 所示指针式功率因数表的读数，判断电路是呈电容性还是电感性。

2. 一台发电机额定电压为 220 V，输出的总功率为 4 400 kV·A。则：

（1）该发电机向额定工作电压为 220 V、有功功率为 4.4 kW、功率因数为 0.5 的用电器供电，能供多少个这样的用电器正常工作？

（2）当功率因数提高到 0.8 时，发电机能供多少个这样的用电器正常工作？

本模块小结

1. 三相交流电路是目前电力系统的主要供电方式，三相对称交流电的特点是三个交流电动势的最大值相等，频率相同，相位相差 120°。

2. 如果三相电源和三相负载都是对称的，则这个三相电路称为三相对称电路。

3. 无论是三相电源还是负载都有星形联结和三角形联结两种接线方式。

4. 星形联结的对称负载常采用三相三线制供电。星形联结的不对称负载常采用三相四线制供电；中线的作用是使负载中点保持等电位，从而使三相负载成为三个独立的互不影响的电路。

5. 在三相对称电路中，负载线电压与相电压、线电流与相电流的关系及功率计算见表 6-2。

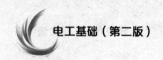

表 6-2　负载线电压与相电压、线电流与相电流的关系及功率计算

连接方式	星形联结	三角形联结
线电压与相电压关系	（1）数量关系：$U_L=\sqrt{3}\,U_{YP}$ （2）相位关系：线电压超前对应相电压 30°	$U_L=U_{\triangle P}$
线电流与相电流关系	$I_{YL}=I_{YP}$	（1）数量关系：$I_{\triangle L}=\sqrt{3}\,I_{\triangle P}$ （2）相位关系：线电流滞后对应相电流 30°
有功功率	$P=\sqrt{3}\,U_L I_L\cos\varphi_P$	$P=\sqrt{3}\,U_L I_L\cos\varphi_P$
无功功率	$Q=\sqrt{3}\,U_L I_L\sin\varphi_P$	$Q=\sqrt{3}\,U_L I_L\sin\varphi_P$
视在功率	$S=\sqrt{3}\,U_L I_L$	$S=\sqrt{3}\,U_L I_L$

6. 为了充分利用电源设备，改善供电质量，常用在感性负载两端并接电容的方法来提高电路功率因数。